大學生
經濟與管理素質教育
理論與實務

主　編○惠宏偉　張　艷　杜玉英　張　穎
副主編○劉光軍　夏玉琳　杜　華　劉海燕

崧燁文化

前 言

　　本書特別注重理論與實際的聯繫，創業模擬和模擬經營兩部分使用專業的教學軟件輔助教學，可操作性強，可供高等院校所有的文科和理科類專業進行素質教育教學參考和使用。

　　本書共四篇，分別為創業模擬、模擬經營、招投標模擬實訓和會計基礎四個部分，各部分相互獨立。

　　本書由惠宏偉副教授主持，並與張豔、杜玉英、張穎共同編著。具體分工情況如下：惠宏偉副教授負責全書的總體設計和審核統稿，並編寫第二篇；杜玉英編寫第一篇；張穎編寫第三篇；張豔編寫第四篇。同時邀請成都理工大學工程技術學院經濟系主任、成都理工大學工程技術學院經濟管理實驗教學中心主任程夏教授擔任主審。

　　本書得以出版，感謝經濟管理實驗教學指導委員會及各位專家的支持，感謝經濟管理實驗教學中心同仁的幫助！

　　由於編者水平和時間有限，書中難免有疏漏甚至錯誤之處，敬請使用者提出寶貴意見！

編　者

目 錄

第一篇　創業模擬

第一章　撰寫創業計劃書…………………………………………（3）
　　第一節　創業計劃書正文概要…………………………………（3）
　　第二節　創業計劃書的關鍵問題………………………………（5）

第二章　創業營運執行書…………………………………………（6）
　　第一節　項目研發………………………………………………（6）
　　第二節　商業化籌備……………………………………………（8）
　　第三節　市場行銷………………………………………………（10）

第三章　公司設立…………………………………………………（12）
　　第一節　註冊登錄………………………………………………（12）
　　第二節　創業指導………………………………………………（15）
　　第三節　公司設立流程…………………………………………（16）

第四章　補充知識…………………………………………………（33）

第二篇　模擬經營

第一章　企業模擬經營簡介………………………………………（37）
　　第一節　企業模擬經營物理沙盤簡介…………………………（37）
　　第二節　組織準備工作…………………………………………（38）

第二章　模擬企業基本情況描述 ……………………………… (40)
　　第一節　企業背景 …………………………………………… (40)
　　第二節　產品市場的需求預測 ……………………………… (40)

第三章　企業營運規則 ………………………………………… (45)

第四章　企業營運系統操作 …………………………………… (51)
　　附件一：年度經營記錄表 …………………………………… (62)
　　附件二：綜合費用、利潤表和資產負債表 ………………… (66)
　　附件三：貸款登記表 ………………………………………… (68)
　　附件四：產品生產登記表 …………………………………… (69)
　　附件五：原材料採購登記表 ………………………………… (70)
　　附件六：訂單記錄表 ………………………………………… (71)
　　附件七：應收帳款登記表 …………………………………… (72)

第三篇　招標投標模擬

第一章　招標投標的基礎知識 ………………………………… (75)
　　第一節　招標投標的概念 …………………………………… (75)
　　第二節　招標投標的特點 …………………………………… (75)
　　第三節　招標方式 …………………………………………… (76)
　　第四節　招標投標的基本程序 ……………………………… (78)

第二章　招標投標模擬實訓 …………………………………… (80)
　　第一節　招標公告和投標邀請書的編製 …………………… (80)
　　第二節　資格審查 …………………………………………… (81)
　　第三節　招標文件的構成和編製 …………………………… (82)
　　第四節　投標文件的編製 …………………………………… (87)

第三章　招標投標模擬實訓組織與實施 ………………………………（94）
　　第一節　發布招標公告、編製招標文件 ………………………………（94）
　　第二節　案例講解 ………………………………………………………（98）
　　　　附表1　招標文件 …………………………………………………（104）
　　　　附件2　投標文件的編製 …………………………………………（115）

第四篇　會計基礎

第一章　科目匯總表帳務處理程序 ……………………………………（129）

第二章　會計要素與會計等式 …………………………………………（150）
　　第一節　會計要素 ………………………………………………………（150）
　　第二節　會計等式 ………………………………………………………（159）

第三章　帳戶與復式記帳 ………………………………………………（163）
　　第一節　會計科目與帳戶 ………………………………………………（163）
　　第二節　借貸記帳法 ……………………………………………………（168）

第四章　會計憑證 ………………………………………………………（179）
　　第一節　會計憑證概述 …………………………………………………（179）
　　第二節　原始憑證 ………………………………………………………（180）
　　第三節　記帳憑證 ………………………………………………………（185）

3

第一篇　創業模擬

第一章　撰寫創業計劃書

　　創業計劃是創業或企業的藍圖，是創業者叩響投資者大門的「敲門磚」，一份優秀的創業計劃書往往會使創業者達到事半功倍的效果。創業計劃書有別於項目建議書或項目可行性研究報告，要求對項目進行全面的闡述，需要突出市場空間和投資回報。

　　一份完整的創業計劃書應包括封面、扉頁、目錄、正文和附錄。

　　（1）封面。標題：××公司（或××項目）商業（創業）計劃書，標題應體現核心主題，使人一目了然。時間：××年××月××日。封面是創業計劃書的「臉面」，最好能獨立成頁。

　　（2）扉頁部分主要有上下兩部分內容。上半部分提出保密要求，或提供機構簡介（便於閱讀者對機構進行初步的瞭解），這些內容可以根據具體情況進行適當的修改或刪除，有時也可以省略不寫；下半部分提供機構的聯繫方式，如機構名稱、地址、網址、郵編、負責人或聯繫人的姓名、電話、傳真等信息，以便於閱讀者（投資者、合作者）調查核實公司情況並及時與策劃者取得聯繫。

　　（3）目錄。目錄是當正文完成后，點擊工具欄「插入」目錄自動生成。

　　（4）正文。

　　（5）附錄。附錄可有附件、附圖、附表3種形式。主要內容包括：①公司相關的資質材料。例如：營業執照複印件；公司章程；經營團隊名單及簡介；產品說明書和相關材料；產品專利相關資料；宣傳材料。②生產、技術和服務相關的技術資料。例如：設備清單；產品目錄；工藝流程圖；技術圖紙與方案。③市場行銷相關資料。例如：主要客戶名單；主要供應商和經銷商名單；市場調查和預測資料，產品相關資料。④財務相關資料。例如：各種財務報表，現金流量預測表；資產負債預測表以及公司利潤預測表。

　　下面就創業計劃書的正文部分進行詳細說明。

第一節　創業計劃書正文概要

一、計劃摘要

　　對整個計劃書內容的總體說明，描述全部計劃的基本框架。

二、公司簡介

對創辦企業的整體情況進行介紹，包括公司經營內容、宗旨、戰略、產品、技術、團隊等各個方面，重點闡述公司的整體優勢與經營目標，可以分別從公司簡介、公司宗旨、經營目標、產品優勢、管理團隊等方面分別加以詳細闡述說明。

三、市場分析

創辦企業對即將進入的目標市場的整體情況、現狀規模、發展趨勢以及目標市場的客戶需求分析，比如市場情況介紹、目標市場分析、顧客需求分析。

四、競爭分析

分析市場競爭形勢，可以分別從競爭對手分析、市場競爭策略、競爭優勢分析等方面進行詳細的闡述和說明。

五、產品服務

介紹企業的產品或服務及對客戶的價值。對市場上的同類產品進行對比分析，闡述公司產品與服務的特色及優勢。可以分別從以下幾個方面加以詳細闡述和說明：產品發展規劃、研究與開發、生產與運輸、實施與服務。

六、市場行銷

介紹企業所針對的目標市場、行銷戰略、競爭環境、競爭優勢與不足。可以分別從以下幾個方面進行詳細闡述和說明：市場開發策略、產品定位分析、產品定價策略、渠道網路建設、廣告宣傳策略、行銷團隊建設。

七、財務計劃

公司需要融資的規模及投入使用計劃，並對未來幾年的收益進行預測，分析投資回報情況，並列出預計的財務報表。如資金需求說明、資金投入計劃、投資收益預測、預計利潤表。

八、風險分析

對公司營運過程中可能遇到的各類風險進行說明，並說明如何應對各種可能出現的風險情況，如市場與競爭風險、產品與技術風險、財務風險、管理風險、政策風險。

九、內部管理

對公司內部管理的各方面工作進行說明，如公司組織結構、公司管理制度、人力資源計劃、內部激勵方案。

第二節 創業計劃書的關鍵問題

撰寫創業（商業）計劃書時，盡可能地回答清楚以下問題：
（1）你的管理團隊擁有什麼類型的業務經驗？
（2）你的管理團隊中的成員有成功者嗎？每位管理成員的動機是什麼？
（3）你的公司和產品如何進入行業？
（4）在你所處的行業中，成功的關鍵因素是什麼？
（5）你如何判定行業的全部銷售額和成長率？
（6）對你公司的利潤影響最大的行業變化是什麼？
（7）和其他公司相比，你的公司有什麼不同？
（8）為什麼你的公司具有很高的成長潛力？你的項目為什麼能成功？
（9）你所預期的產品生命週期是什麼？
（10）是什麼使你的公司和產品變得獨特？
（11）當你的公司必須和更大的公司競爭時，為什麼你的公司會成功？
（12）你的競爭對手是誰？
（13）和你的競爭對手相比，你具有哪些優勢？
（14）和你的競爭對手相比，你如何在價格、性能、服務和保證方面和他們競爭？你的產品有哪些替代品？
（15）如果你計劃取得市場份額，你將如何行動？
（16）在你的行銷計劃中，最關鍵的因素是什麼？
（17）你的廣告計劃對產品的銷售會是怎樣的影響？
（18）你認為公司發展的瓶頸在哪裡？
（19）可供投資人選擇的退出方式是那些？
（20）請說明為什麼投資人應該投資貴企業而不是別的企業？
（21）管理團隊有哪些優勢與不足之處？
（22）公司的人才戰略與激勵制度？

在撰寫創業計劃書對於市場容量的估算、未來增長的預測的數據最好是來源於中立第三方的調查或研究報告或者是可信度高、已經證實的數據為中心，避免自行估計。對於特殊市場，在預估時則力求保持客觀中肯的態度，以免有「自吹自擂」之嫌，令人不能信服。

第二章　創業營運執行書

創業計劃書（商業計劃書）主要是給投資商描述你的現狀和未來。而創業營運執行書是執行當下的創業項目，創業過程中是需要我們「執行」的過程，「不落地的行動」將使我們走彎路甚至消耗光我們的資金和鬥志，制訂詳細的執行計劃，將有效提升創業過程的「掌控力」，增大成功的概率。創業營運執行書包括以下三個步驟：項目研發、商業化籌備、市場行銷。

第一節　項目研發

項目研發階段是個人創業能力與團隊創業能力成長、塑造的過程，可以從新項目研發概要和項目研發執行計劃進行細化。

一、新項目研發概要

新項目研發包括以下幾個方面：

（1）確定項目的名稱，確定由誰來對此項目負責即項目總負責人，確定哪些人來參與執行此項目即項目參與執行人，項目參與人或研發團隊的合作文件。

（2）這一項目研發的內容到底是什麼。必須明確新項目（產品或服務）研發的目的、研發的意義、研發這一新項目有什麼市場價值。如果研發成功，此項目的最終狀態是什麼樣的。

（3）新項目（產品或服務）的顧客群是誰，是否有市場調研的原始文件及科學合理的分析報告。這一新項目到底有什麼獨特之處，研發大概需要多長時間，需要在什麼樣的環境中進行即研發實施的地點。要想研發成功此產品，需要哪些硬件條件，需要哪些政策支持，需要多少經費投入；同時經費如何分配，如前期投入多少、中期投入多少、中期或者后期還需要投入多少等。

二、項目研發執行計劃

當明確了上述的目的、意義且條件較成熟時，項目研發開始進入執行階段。執行計劃的工作流程：資料準備—研發—測試—反饋—改進—應用。同時項目執行計劃每階段還需要進一步細分每個階段的主項目、子項目以及相應的完成時間、負責人和執行情況，這些都需要詳細記錄，見表1-2-1。

表 1-2-1　　　　　　　　　　　項目研發執行計劃表

序號	主項目	子項目	完成目標	時間進度	負責人	執行情況
1.	資料準備					
1-1	例：研發資料					
1-2	例：研發設備					
2.	項目研發					
2-1	例：研發進度記錄					
3.	測試					
3-1	例：測試樣本記錄					
3-2						
4	改進					
4-1	例：改進建議收集					
4-2	例：改進事項					
5.	應用					
5-1	例：應用案例記錄					
5-2	例：照片記錄					
5-3	例：問卷收集					
6.	產品升級與新產品研發計劃					
6-1	例：升級產品					
6-2	例：新產品					
6-3	例：增值服務開發					
7.	OEM 代工（適合於物理產品類企業）					
7-1	例：OEM 代工夥伴					
7-2	例：OEM 代工成本					
8.	創業建議					
8-1	例：營運人才資源篩選					
8-2	例：創業政策收集					
8-3	例：人脈關係開拓					
8-3	例：創業課程學習					

註：此表中的項目可以根據實際需要增加或者刪除。

第二節　商業化籌備

項目研發完成后，需要將其商業化，才會產生價值。在正式的商業化之前是商業化籌備階段，商業化籌備階段是將團隊能力轉變為企業能力的過程。

一、工作概述

商業化籌備需要明確總負責人、團隊參與成員、對商業化目標市場的預測（最好是量化的指標），商業化的執行人是否為研發人員。如果不是，那麼需要明確項目商業化執行人與研發人的關係，考察是不是以股東合作的方式來運作此項目。如果是以股東合作的方式運作此項目，那麼需要核心股東簽署合作文件，明確各自所占股權，然后確定是否需要登記註冊成立一家公司。如果需要，誰去辦理公司註冊流程，明確哪些是管理層，管理層的薪酬如何，如果招聘一般員工，則需要確定一般員工的薪酬制度。

二、商業化執行計劃

如何使產品或服務這一新項目產生價值，執行商業化是關鍵。商業化執行可以細分為團隊建設、項目文案撰寫、市場開拓準備、資源整合、壁壘建設、啟動資金幾個重要方面；每個主要的方面有其主項目、子項目以及每個項目對應的完成目標、完成的時間進度以及相應的負責人和執行情況的詳細記錄，見表1-2-2。

表1-2-2　　　　　　　　　　商業化執行計劃表

序號	主項目	子項目	完成目標	時間進度	負責人	執行情況
1.	團隊建設					
1-1	例：團隊搭建					
1-2	例：團隊培訓					
1-3	例：合作機制方案					
2.	項目營運文案撰寫					
2-1	例：銷售文案					
2-2	例：公司文案					
2-3	例：管理營運文案					
3.	市場開拓準備					
3-1	例：市場分析					
3-2	例：深度客戶調研					
3-3	例：行銷策略					

表1-2-2(續)

序號	主項目	子項目	完成目標	時間進度	負責人	執行情況
3-4	例：客戶信息收集					
3-5	例：行銷計劃					
3-6	例：尋找合作夥伴					
4.	資源整合					
4-1	例：政策資源					
4-2	例：社會資源					
4-3	例：信息資源					
4-4	例：人脈資源					
5.	壁壘建設					
5-1	例：專利版權申請					
5-2	例：技術壁壘					
5-3	例：品牌壁壘					
5-4	例：戰略壁壘					
6.	啟動資金					
6-1	例：自籌資金					
6-2	例：幫扶資金籌集					
6-3	例：財務制度建立					
6-4	例：盈虧平衡控制					
7.	企業建設					
7-1	例：融資計劃					
7-2	例：辦公場地					
7-3	例：辦公設備採購					
7-4	例：成本控制					
8.	商業模式構建 ★重要工作					
8-1	例：商業模式設計					
8-2	例：危機管理					
9.	創業建議					
9-1	例：營運人才資源篩選					
9-2	例：創業政策收集					
9-3	例：人脈關係開拓					
9-3	例：創業課程學習					

註：此表中的項目可以根據實際情況增加或者刪減。

第三節　市場行銷

一、市場工作概述

新項目研發完成後，商業化籌備按照計劃執行後，如果能順利地通過市場行銷將新項目推廣出去，那麼新項目的價值才能得到最終的體現。市場是試金石。市場行銷需要有相應的總負責人、執行的團隊成員，市場行銷狹義上是一個銷售的過程，這一個過程中的主力軍是銷售團隊，對這一銷售團隊需要有相關的規章制度；同時，思考主要的行銷渠道有哪些，制定出切合於這些渠道客戶實際的規章制度；最後，思考清楚是否需要其他合作夥伴來共同開拓市場，如果需要，則必須與合作夥伴簽署合作文件。

二、市場行銷執行計劃

市場行銷主要的工作內容確定清楚后，如何來執行市場行銷的工作計劃呢？下面是市場行銷執行計劃的主要工作模塊：行銷戰略制定、推廣計劃、銷售計劃，落實每個工作中的主項目、子項目、時間進度、負責人及執行情況，見表1-2-3。

表 1-2-3　　　　　　　　　市場行銷執行計劃表

序號	主項目	子項目	完成目標	時間進度	負責人	執行情況
1.	行銷戰略制定					
1-1	例：行銷戰略會議					
1-2	例：行銷戰術					
1-3	例：價格制定					
2	推廣計劃					
2-1	例：推廣計劃					
2-2	例：廣告、促銷					
2-3	例：行銷事件					
3.	銷售計劃					
3-1	例：終端客戶開發					
3-2	例：渠道客戶開發					
3-3	例：銷售團隊建設					
3-4	例：銷售團隊培訓					
4.	售後服務					
4-1	例：售後服務規定					

表1-2-3(續)

序號	主項目	子項目	完成目標	時間進度	負責人	執行情況
4-2	例：售後原則					
4-3	例：客戶滿意度調查					
5.	客戶跟蹤					
5-1	例：客戶存檔					
5-2	例：客戶回訪					

註：此表可以根據實際需要增加或刪減。

第三章　公司設立

　　創業計劃書完成后，就是去註冊成立一家公司，如何註冊成立一家公司呢？此處借助創業之星教學軟件來完成。

第一節　註冊登錄

一、學生端登錄

　　每個同學一臺電腦，打開電腦后，在桌面上找到「創業之星（學生）」，雙擊此圖標，則會出現圖 1-3-1；點擊「確定」，則會出現圖 1-3-2。特別注意此圖中的服務器（教師給的服務器），服務器修改好以后，點擊「登錄」，則會出現圖 1-3-3，左上方有「登錄口令」，右上方有「註冊新用戶」，登錄口令先暫時不管；直接點擊「註冊新用戶」，則會出現圖 1-3-4，填寫以下信息，完成后點擊「註冊」。備註：一臺電腦可以註冊多個用戶，也可以登錄多個用戶。

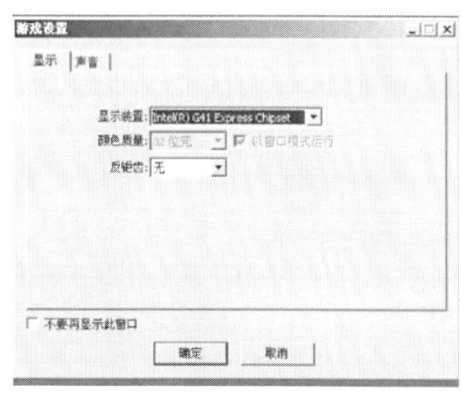

圖 1-3-1

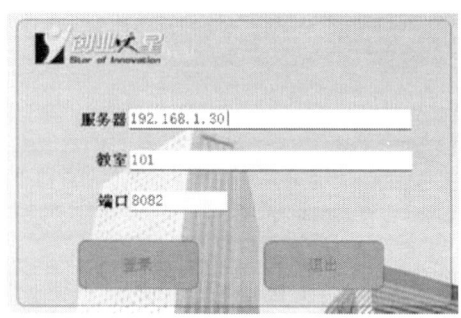

圖 1-3-2

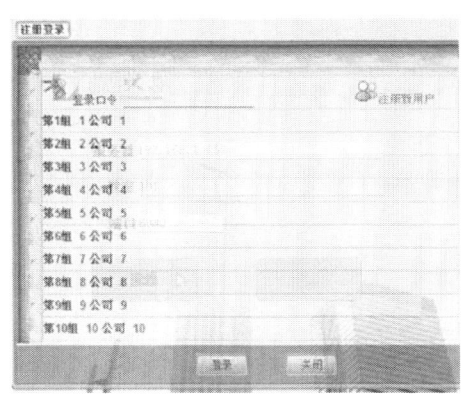 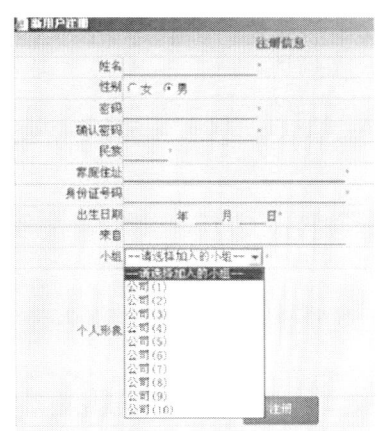

圖1-3-3　註冊新用戶　　　　　　圖1-3-4　新用戶信息註冊

二、填寫註冊信息

在出現的如圖1-3-4所示的註冊頁面中，輸入自己的信息。填寫參考如下：

（1）「姓名」：輸入自己的姓名，姓名長度必須為2~4位。

（2）「密碼」：自己設置即可，是以后每次登錄系統時的密碼。不填寫密碼即此處為空時，則表示自己在下次登錄時無需密碼驗證。如果忘記了自己設置的密碼，可以在教師處請求清空密碼。

（3）「民族」：必填項。

（4）「家庭住址」：必填項。自行填寫即可。

（5）「身分證號碼」：必填項。一般為18為數字。

（6）「出生日期」：必填項。例如：1985年12月24日。

（7）「來自」：可以不填寫。

（8）「小組」：點擊「請選擇加入的小組」面向電腦右邊的下拉箭頭符號，出現下拉列表，選擇你所要加入的小組或公司。如果教師在建立班級后，在小組名稱處填寫「小組」則此處顯示「小組」；如果教師在小組名稱處填寫「公司」，則此處顯示的則是「公司」；若下拉列表中無可選項，說明教師端還未創建小組或公司，請聯繫教師。

（9）「個人形象」：點擊「更多形象」，在彈出的形象中，點擊自己喜歡的圖像，即可選擇個人形象。點擊「註冊」，則會出現「註冊成功，請等待講師審核通過」，點擊「確定」后等待或通知教師端審核你的註冊請求。

當教師端解鎖通過你的註冊請求后，關閉當前界面，點擊「登錄」或按「F5」刷新屏幕，「登錄」，在出現的頁面中輸入登錄口令處（此處輸入的是自己註冊新用戶時所填寫的密碼），再選擇自己申請註冊的名字（註冊新用戶時輸入的名字），點擊「登錄」，即可進入學生端程序的主場景，如圖1-3-5所示。

備註：①如果想更換小組或公司，可以請教師將自己註冊的用戶刪掉，然后重新註冊新用戶；②以后每次登錄均是輸入登錄口令，選擇自己的名字即可；③在保存了

的前提下，每次退出系統后，再次登錄系統時以前所填寫的信息仍然存在。

主界面介紹：

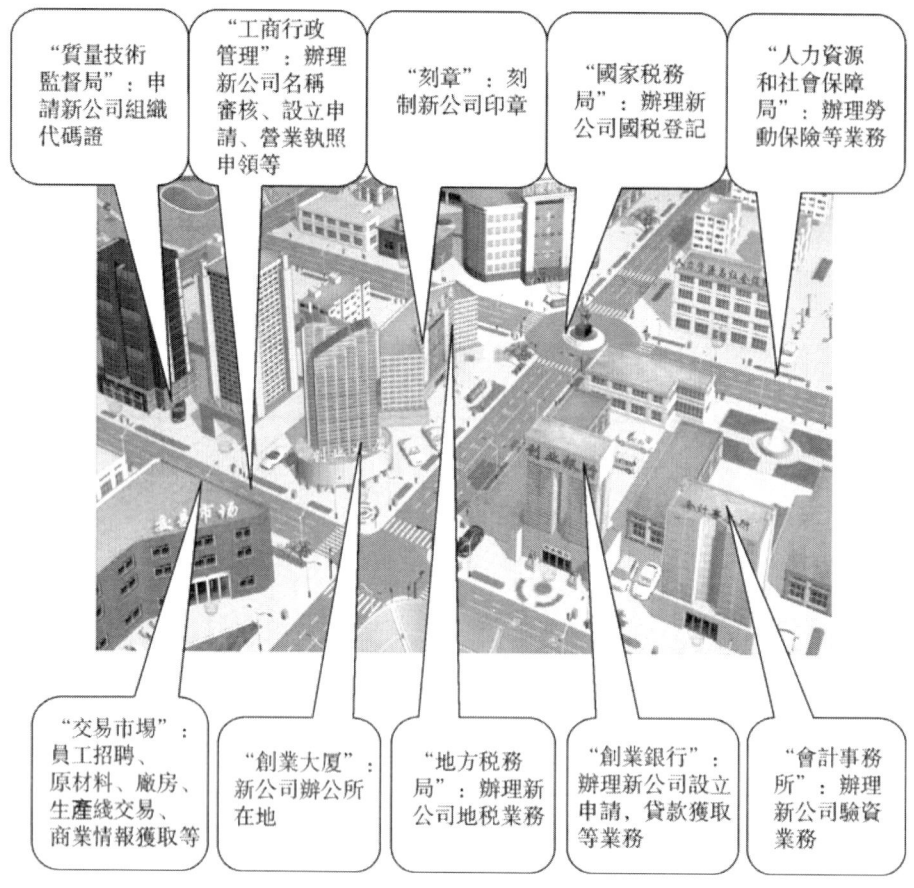

圖 1-3-5　主界面

操作儀表盤界面：

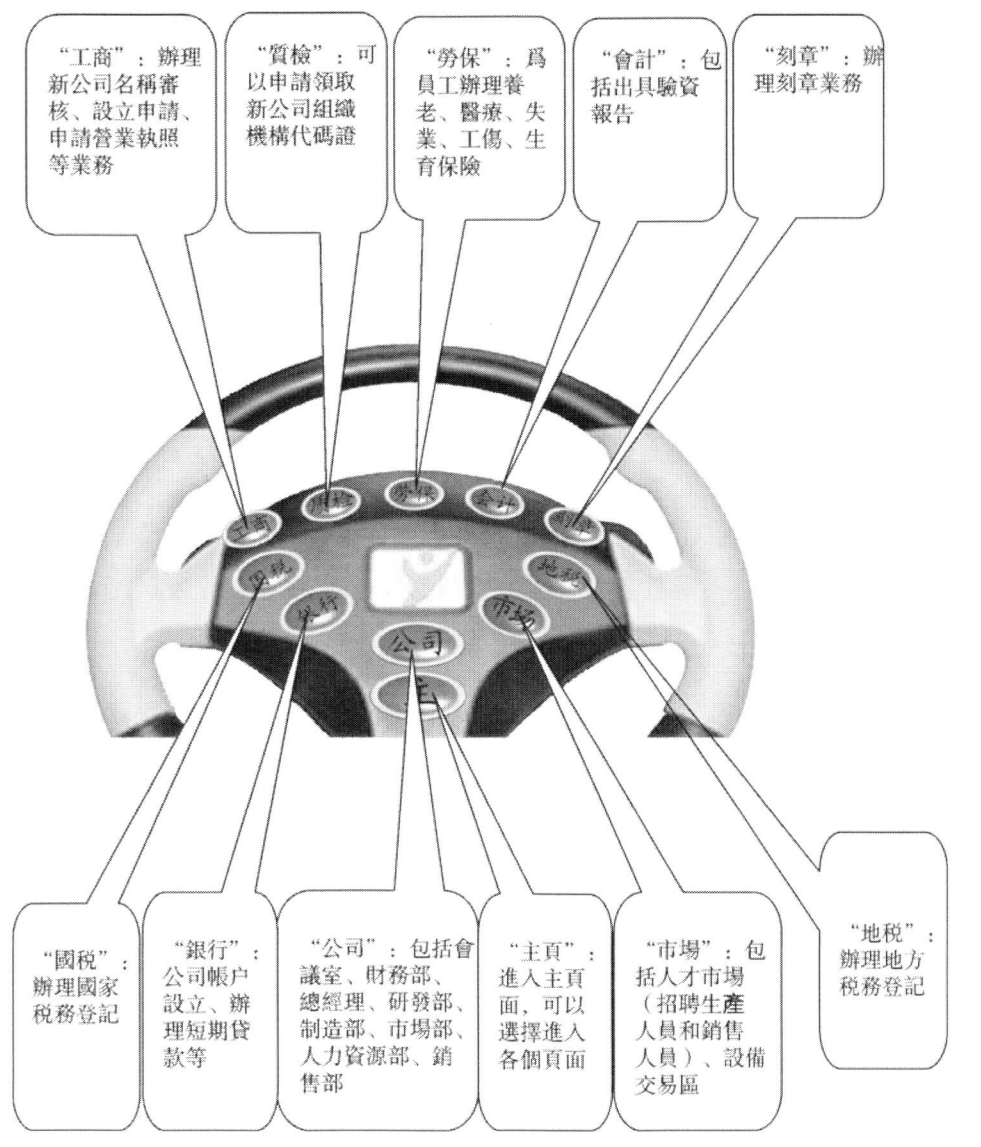

圖 1-3-6　操作儀表盤界面

　　每幢樓的入口處有一個「進入」標誌，鼠標移至此處，當出現提示「進入」時，點擊鼠標左鍵，可以進入到相應的場景；或者通過操作儀表盤的快捷方式進入。

第二節　創業指導

　　打開「創業之星（學生）」，輸入登錄口令（即密碼），選擇自己註冊的名字，點擊「登錄」。進入主界面，點擊主界面下方的操作儀表盤正中間的「創業指導」進入

「創業指導中心」，在創業指導中心有「創業能力測評」「創業案例分析」「創業優惠政策」。

一、創業能力測評

進入「創業指導中心」，點擊「創業能力測評」進入後，在左邊的功能區有「創業基礎意識測評」「創業綜合能力測評」「創業性格特質測評」。如點擊「創業基礎意識測評」，則會出現試卷名稱、題量、建議用時、內容簡述。其中內容簡述為藍色字體，點擊右方藍色字體，則會出現「開始測試」「返回列表」。點擊「開始測試」即進入測試界面，點擊「返回列表」，則會顯示上一步驟的界面。

二、創業案例分析

點擊主界面下方的操作儀表盤正中間的「創業指導」，回到「創業指導中心」；點擊「創業案例分析」，左邊功能區有「創業案例搜索」和「創業案例分析」；點擊「創業案例搜索」在窗口右邊會出現「請輸入關鍵字」「選擇行業」「全文檢索」；點擊「選擇行業」會出現「信息技術行業、電子商務行業、商業服務行業、文化娛樂行業、加工製造行業、商業流通行業、農林流通行業、其他行業」的下拉列表框，選擇後點擊「全文檢索」則可見創業案例的具體內容。點擊「創業案例分析」可見所有的案例，每個案例結束後有一個「返回」按鈕，直接點擊「返回」可回到所有案例的界面。已經查看后的案例，會顯示另一種顏色。

三、創業優惠政策

點擊主界面下方的操作儀表盤正中間的「創業指導」，回到「創業指導中心」；點擊「創業優惠政策」，左邊功能區有「創業政策」「創業論壇」；點擊「創業政策」，在右邊出現各省市的創業政策，也可以有針對性地查看某一省市的創業政策；點擊右邊的下拉列表，選擇需要查看的城市創業政策。

第三節　公司設立流程

註冊成立公司的整個流程：創業大廈租賃辦公場地—「公司」的「會議室」完成「創業計劃書」「公司章程」—工商行政管理局「名稱預先核准」處完成「指定代表證明」「名稱預先核准」—工商行政管理局「公司設立」中完成「公司發起人確認書」「法定代表人登記表」「公司股東名錄」「公司董事、監事、經理情況」—銀行「股東資金存款」—會計師事務所「驗資」—工商行政管理局「公司設立」中完成「公司設立申請表」—工商行政管理局「申請營業執照」—刻章店「刻章」—質量技術監督局「申請組織機構代碼」—國稅登記—地稅登記—銀行「開設基本存款帳戶」—人力資源和社會保障局進行「社會保險登記」與「社會保險開戶」—公司成立。

一、租賃辦公場所

在主場景中點擊「創業大廈」大樓前的「進入」標示或點擊操作儀表盤上的「公司」后進入的第一個頁面，顯示「歡迎來到創業大廈物管中心」界面，出現「您未租賃辦公室，無法進入大廈，您需要現在租賃辦公場所嗎」。如果點擊「確定」，進入房屋租賃合同界面。此頁面的右下角乙方負責人處有一個「筆」的圖標（此圖標下方的「簽訂日期」已有，可以不管），點擊「筆」圖標，出現確認提示框「確定租賃辦公場地」。如果點擊「確定」，則會出現「辦公場地租賃成功！貴公司的地址為：創業大廈×座×樓×室，請前往公司完成創業計劃、公司章程」，點擊「確定」，可以查看房屋租賃合同。特別提示：需要記下公司的地址，后面填表時公司的經營地、住所地均填寫此地址。

二、撰寫創業計劃和公司章程

（一）公司內部界面

關閉「房租租賃合同」界面窗口。點擊「創業大廈」前的「進入」標示或直接點擊頁面下方正中間操作儀表盤上的「公司」，直接快速跳轉到公司場景，即進入公司內部界面。整個界面分為上半部分和下半部分。

1. 上半部分

上半部分是公司內部主界面，在公司內部中有「會議室、財務部、總經理、製造部、市場部、研發部、銷售部、人力資源部、原料倉庫、生產車間、成品倉庫」。此界面的職能部門是模擬一家典型的製造企業相關的各職能部門，點擊各部門可決策或查詢即時信息。

會議室：可寫或查看創業計劃書、經營計劃、公司章程等。特別提示：在公司註冊前必須完成「公司章程」。

財務部：可進行現金預算、並查看企業即時現金、資產等變化情況。

總經理：可查看各部門即時經營匯總數據，可綜合分析查詢或行業趨勢分析。

製造部：包括原料採購、廠房購置、設備購置、資質認證、生產工人、訂單交付以及本部門經營數據查詢。

市場部：包括市場開發、廣告宣傳以及本部門經營數據查詢。

研發部：包括產品設計、產品研發以及本部門經營數據查詢。

銷售部：包括銷售人員、產品報價以及本部門經營數據查詢。

人力資源部：包括簽訂合同、解除合同、員工培訓以及本部門經營數據查詢。

原料倉庫：包括原材料庫存情況以及原料價值、原料出售等。

產品倉庫：可管理公司庫存產品等。

2. 下半部分。

下半部分有聊天窗口、操作方向盤等。

下半部分的左下角（此處的方向及后面將提到的方向均指我們面向電腦時，在我們的左邊或右邊）是「聊天窗口」，輸入要說的話，按回車鍵，在場景內的所有玩家都

可看到你所說的話。

中間是操作儀表盤，可便捷地切換場景。點擊操作儀表盤上的「主」可以回到主場景界面。

面向方向盤的右邊從上到下分別是：當前時間、公司現金、公司地址、系統幫助、小組名稱、小組成員信息、編輯個人信息。

當前時間：第×季度。現金：600,000.00元。小組名稱：自己所在的小組或公司。

系統幫助：包括創業籌備（創業計劃、創業準備、創業管理）、模擬經營的商業背景等。在創業準備中，可以查看公司註冊的流程及所需要完成的所有項目。

小組成員信息：可查看小組成員身分證。

編輯個人信息：此處只能選擇角色和更改個人形象，無法更改編輯其他信息，比如所歸屬的小組（公司）。在角色處，點擊下拉列表顯示以下角色：「總經理（CEO）、人力資源總監（CHO）、技術總監（CTO）、市場總監（CMO）、生產總監（CPO）、財務總監（CFO）、銷售總監（CSO）」，選擇一個自己的角色，同時可以更改個人形象，最後點擊「保存」即可。

下半部分的右下角有「背景音樂」「退出遊戲」。背景音樂：可以開啟或關閉背景音樂。

（二）撰寫創業計劃

租賃完成辦公室場地，關閉租賃界面後，點擊操作儀表盤上的「主」，再點擊「創業大廈」前的「進入」標示或直接點擊操作儀表盤上的「公司」進入公司內部，點擊「會議室」，在左邊功能區有「××（本人數據）」「創業計劃」「經營計劃」「公司章程」。點擊「創業計劃」，左邊不變，在右邊則出現空白的創業計劃書空白文檔窗口，在空白文檔的上方有「創業計劃書」和「參考模板」兩個標籤，中間有設置文檔的樣式、字體及大小等工具欄。點擊「創業計劃書」標籤則為創業計劃書撰寫窗口，點擊「參考模板」標籤則出現一個可以參考的創業計劃書。當然這一參考模板僅僅是創業計劃書的大概框架結構，沒有具體的內容，每一部分具體內容需要自己按照實際情況去補充完整。如果不知道如何撰寫創業計劃書時，可以點擊「參照模板」，查閱參考。編寫完創業計劃書後，點擊下方的「保存」會出現「商業計劃書保存成功，請繼續撰寫公司章程」。如果沒有填寫內容，直接點擊「保存」，則此頁就是空白，再次填寫並保存，此頁仍然是空白頁面。

（三）撰寫公司章程

本實驗中「公司章程」必須填寫。在公司設立時、辦理稅務登記等操作時需要用到「公司章程」，如果沒有則無法進行操作。

創業計劃書完成後直接點擊左邊功能區的「公司章程」，當窗口右邊出現公司章程的空白文本編輯窗口時，即可進行公司章程的撰寫和編輯。在文本編輯窗口的上方有「擬定公司章程」和「參考模板」兩個標籤，標籤下方有設置文檔樣式、字體、大小等工具欄。填寫時可將「參考模板」中的「×××有限公司章程」複製粘貼在文本編輯窗口中，並將「參考模板」中的空白處補充完整，完成公司章程的撰寫后，點擊右下

角全體股東簽名處的「筆」圖標，則會出現確認提示框「確定簽名嗎」。如果點擊「確定」，則顯示「公司章程保存成功！請前往工商行政管理局辦理名稱審核義務」，再次點擊「確定」。如果沒有填寫任何內容直接點擊「筆」圖標簽名，以后雖然可以在此文本框內填寫內容，但是無法簽名。當關閉當前頁面后再回來，此處仍然為空白。到后期需要公司章程而自己沒有時，如果要繼續註冊成立公司，則需要請教師刪掉自己註冊的用戶、重新註冊新用戶。

　　例：以「創業市星城科技有限公司章程」為例。
　　公司名稱：創業市星城科技有限公司。
　　公司住所：創業市創業大廈×座×樓×室或根據自己的實際情況填寫。
　　公司在工商行政管理局登記註冊，公司經營期限為10年。
　　公司註冊資本統一填寫為60萬元，並實行一次性出資。
　　公司固定組成根據公司的股東人數，分別將股東姓名、地址、出資數量、占註冊資本的比例以及出資時間按實際情況填寫在表中，出資時間填寫為填表當天。例如，股東有2人，每人出資30萬元，則各占註冊資本的50%。一般情況下，第一個股東是法定代表人，其住址為法定地址，括號內的分期付款出資情況部分可以直接刪除。
　　股東會議為定期會議，一年召開1次，時間為每年11月份；股東會的其他決議必須經代表1/2以上表決權的股東通過方為有效；公司不設監事會，設監事1人。
　　公司的法定代表人由××（此處填寫自己的姓名即可）擔任。
　　本章程原件一式，總數量為「股東數量+3」份，按照下列原則分配，每個股東各持一份，送公司登記機關一份，驗資機構一份，公司留存一份。

三、工商註冊

(一) 公司名稱核准

　　當公司章程完成后，關閉公司章程界面，再點擊操作儀表盤上的「主」字回到主場景界面，在主場景中點擊「工商行政管理局」進入標示或點擊操作儀表盤上的「工商」快速進入工商行政管理局，會看到「工商行政管理」有三個辦事窗口分別是「名稱核准」「公司設立」「申領營業執照」。公司是先有名稱后成立，因此，先進行名稱核准，進入工商行政管理局內部，點擊最左邊的「名稱核准」。彈出窗口的左邊功能區顯示「××（本人數據）、名稱預先核准、指定代表證明、公司註冊進度、相關法律法規」，右邊出現「歡迎到工商行政管理局辦理事務」。在進行名稱核准之前先要指定代表證明。

　　1. 指定代表證明
　　點擊「工商」>「名稱核准」，點擊左邊功能區的第二個紅色標籤「指定代表證明」，出現「指定代表或共同委託代理人的證明」和「填寫說明」標籤；點擊「指定代表或共同委託代理人的證明」標籤后需要填寫如下內容：
　　「指定代表或者委託代理人」：建議為本人名字，填寫本人姓名即可。
　　「指定或委託的有效期限」：填寫「自2011年××年××月到××××年××月××日」。如果是老系統，此處的起止時間需要特別注意：一種方式是直接填寫自「2011年」開

始，如果不填寫 2011 年，在點擊「簽名」後系統會提示你指定代表的期限有問題；另一種方式則修改系統的時間。如果是新系統，此處的起止時間沒有嚴格的要求。

在填寫的過程中，如果不知道怎麼填寫，可以點擊「填寫說明」標籤參看。在此之後，填寫表格時均有相應的「填寫說明」或「填表說明」。

點擊右下角投資人處的「筆」圖標，出現確認提示框「確定在指定代表或共同委託代理人的證明書上簽名」。如果點擊「確定」則會出現「你提交信息有錯誤，或者與之前提交的數據不符」字樣，回到「指定代表證明」界面後，同時會發現「指定代表或者委託代理人：志華ⓘ」，可以把鼠標移到「ⓘ」上，會提示錯誤信息如「指定代表或者委託代理人為本人名稱」，然后根據錯誤信息進行修改（此處如果出現這樣的情況是由於在「公司章程」處沒有填寫）。修改后，再次點擊「筆」圖標，則會出現提示框「指定代表設立成功！請繼續填寫名稱預先核准！」，點擊「確定」。

2. 進行名稱預先核准

點擊「工商」>「名稱核准」>點擊左邊功能區的第一個紅色標籤「名稱預先核准」。如果在應提交的材料下方顯示：「✅身分證，⊘指定代表證明」，表示「身分證」已經有了，但「指定代表證明」還沒有完成，因此，應先去完成「指定代表證明」再來填寫此表。如果執意填寫，提交不通過，所填寫的信息也沒有了，以後回到此界面仍然需要重新填寫。

提示：在以後註冊辦事的過程中，填寫表格時，請首先審查所需的材料是否已經齊備，如果材料不齊則會顯示「⊘」標示，那麼就請先去完成顯示「⊘」的部分，再來完成當前界面的信息填寫。「名稱預先核准」表格的填寫參考如下：

申請公司名稱：填寫自己取的公司名字，小組內部各個成員所取的公司名稱可以不相同，此處的公司名稱與公司章程中的公司名稱可以不同。如創業市××××有限公司，則填××××就行了，而且長度不能超過 5 個漢字，不能填寫英文字母或者數字。公司名稱一般為：行政區劃+字號+行業特點+組織形式。如創業市天騰科技有限公司。同時特別注意，在填寫公司名稱時是否有空格符號，如果此處有空格符號，在以後所有需要填寫公司名稱處都必須要加上空格符號。

備選公司名稱：填寫要求跟上面一樣（公司名稱不可重複填寫），可以只填寫一個備選名稱即可。

經營範圍：填寫公司經營的範圍，如玩具製造或其他。可以填寫公司章程中的經營範圍，也可以與公司章程中的經營範圍不同，系統中相互不影響。但以後填寫經營範圍時需要與此處相同。

註冊資本（金）：600,000 元，不能寫成 60 萬元。

企業類型：有限公司或有限責任公司

住所地：必須填寫「創業大廈××座××樓××室」。查看方法：（可以在公司>總經理>公司資料>籌備文件>房屋租賃中查到）或者直接在「操作儀表盤」的右上方可見。

投資人姓名，身分證號，投資額：填寫小組或公司所有成員的姓名、相應的身分證號碼、投資額，后面的投資比例是自動生成的。以上所有的信息填寫完成后，點擊

「保存」，出現確認提示框「確定要核准名稱嗎」。如果點擊「確定」，則會出現提示「名稱核准成功！貴公司審核名稱為：××××！請在工商行政管理局辦理公司設立業務！」點擊「確定」。關閉名稱預先核准窗口，回到工商行政管理局。

提示：

（1）如果對填表有什麼法律疑問，可以點擊「相關法律法規」，進行相關法律法規的查詢。點擊左邊功能區的「公司註冊進度」，可以查看自己已經完成了哪些項目，還有哪些未完成，綠色勾「✓」表示已經完成，紅色勾「✓」表示未完成。

（2）填表保存后，如果在投資人姓名處出現「ⓘ」，可回到「指導代表證明」頁面找到該股東的身分證進一步核對身分證號是否正確。在后面的註冊過程中，凡是填寫完成「提交」或「簽字」或「蓋章」之后，出現「ⓘ」，表示此處信息填寫有錯，需要修改。

（3）查詢同公司其他股東成員信息的方法。以查詢身分證信息為例，在「工商行政管理局」的「名稱審核」窗口中，點擊左邊功能區「××（本人數據）」后面向下的箭頭，出現本公司所有股東姓名。選擇所需查詢的公司股東成員姓名，在點擊左邊功能區的「指定代表證明」，在右邊窗口即可見被查詢者的身分證信息。「××（本人數據）」顯示出來的就是你現在登錄的股東的數據，在以后辦理註冊的每個窗口均可查詢同公司其他股東的相關信息。

（二）公司設立申請

進入「工商行政管理」界面，點擊「公司設立」，出現「歡迎到工商管理局辦理事務」界面。此界面左邊功能區：「×××（本人數據）」、公司設立申請、發起人確認書、法定代表人登記、公司股東名錄、董事經理情況、指定代表證明、公司註冊進度、相關法律法規。

點擊左邊功能區的「公司設立申請」則出現公司設立申請界面，在公司設立界面中有應提交的材料，見圖1-3-7。此處需依次完成以下內容：「公司發起人確認書」「法定代表人登記」「公司股東名錄」「公司董事、監事、經理情況」「驗資報告」「公司設立申請」。

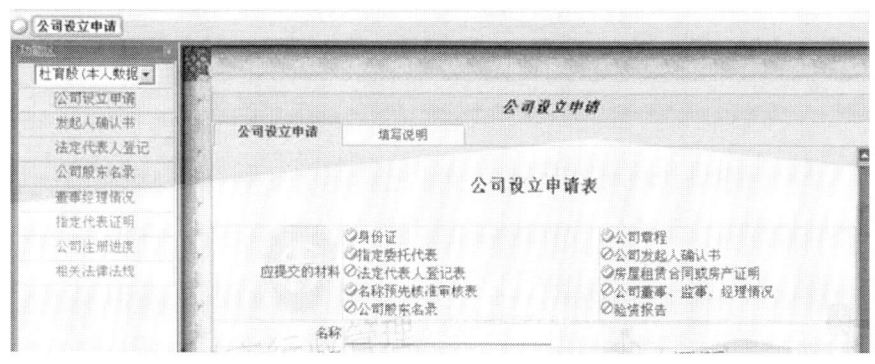

圖1-3-7　公司設立申請所應提交的材料

1. 公司發起人確認書

點擊「工商」>「公司設立」，點擊左邊功能區第二個紅色標籤「公司發起人確認書」，點擊「執行董事簽字」處的「筆」圖標，則會出現確認提示框「確定簽名嗎」。如果點擊「確定」，則顯示「請繼續簽名！」。回到「發起人確認書」界面，點擊「公司法定代表人簽字」處的「筆」圖標，再次出現「確定簽名嗎」，如果點擊「確定」，則顯示「請繼續簽名」；再次「確定」，回到「發起人確認書」界面，點擊「創業市××× 有限公司全體股東簽字」處的「筆」圖標，點擊「確定」；再次「確定」后出現「股東確認書確認成功！請填寫法定代表人登記！」，點擊「確定」。

2. 法定代表人登記

點擊「工商」>「公司設立」>左邊功能區的第三個紅色標籤「法定代表人登記」，出現「法定代表人登記表」。填表參考如下：

姓名：寫自己的名字即可。

是否公務員：否。

填寫職務：（填寫在公司擔任的職位）如董事長。

聯繫電話：必須要填寫。

任免機構：（可以不填）點擊法定代表人簽字處的「筆」圖標，出現「確定簽名嗎」。如果點擊「確定」，則會出現「指定法定代表人登記成功！請繼續填寫公司股東名錄！」，點擊「確定」。

3. 公司股東名錄

點擊「工商」>「公司設立」>左邊功能區的第四個紅色標籤「公司股東名錄」，出現股東名錄表。填表參考如下：

股東（發起人）名稱或姓名：全體出資人的名稱。

證件名稱及號碼：只需要填寫證件號碼。

認繳出資額（元）：600,000元。

出資方式：貨幣；持股比例（%）是自動生成的。

實繳出資額（元）：600,000元，此處是自動生成的。

出資時間：可以填寫填表當天，此處也可以不填。

餘額交付期限：如果無，則可以不填寫。

點擊頁面下方的「保存」，則會出現「確定要提交嗎？」。點擊「確定」，顯示「提交成功！請繼續填寫董事經理情況！」，點擊「確定」。

備註：填寫此表時容易出錯，大家要特別注意，姓名和身分證號必須與前面保持一致；同時，「證件名稱及號碼」處只需要填寫「證件號碼」如身分證號碼即可。

4. 董事經理情況

點擊「工商」>「公司設立」>左邊功能區的第五個紅色標籤「董事經理情況」，出現「××××董事、監事、經理情況」表（此頁面沒有「填寫說明」）。填表參考如下：

第一個「姓名」處：系統已經自動生成了一個名字。

職務：如董事長。

后面還有「姓名」和「職務」的可以填寫也可以不填寫。

點擊「保存」，則會出現「確定提交嗎?」。如果點擊「確定」，則會出現「提交成功！請前往銀行辦理股東資金存款業務」，再次點擊「確定」。

四、註資驗資

(一) 註資

關閉工商行政管理局「公司設立」的界面，點擊操作儀表盤上的「主」進入主場景，點擊「創業銀行」進入標示或者點擊操作儀表盤上的「銀行」，進入銀行界面，選擇「對公業務」出現「歡迎到本銀行辦理相關事務」，該頁面左邊功能區有「××(本人數據)、股東資金存款、開設銀行帳戶、公司註冊進度」。點擊左邊功能區的第一個紅色標籤「股東資金存款」，在右邊出現「股東資金存款」，下方有個藍色底的文本框，上面寫有「注入資金」，點擊此藍色文本框，出現「確定註資嗎?」。如果點擊「確定」，則會出現「資金注入成功！請前往會計事務所辦理驗資業務！」，再次「確定」，則會出現「註冊資本實收情況明細表」（見圖1-3-8）。此表上方有「開戶銀行名稱：創業市創業銀行。銀行帳號：××××××××××。開戶銀行日期：××××-××-××」。

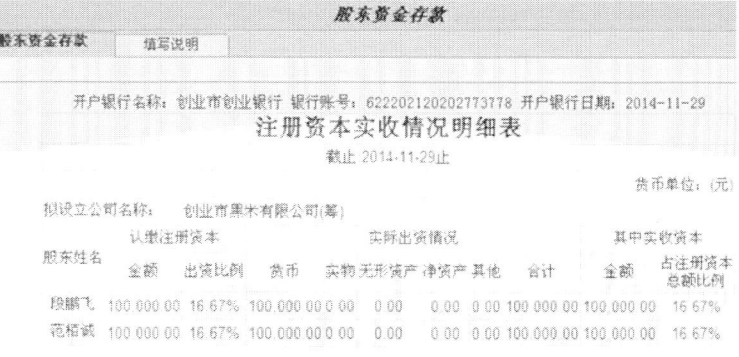

圖1-3-8　股東資金存款

特別提示：請記住此處的開戶銀行名稱和銀行帳號（此帳號為公司的臨時存款帳號），在國稅、地稅登記時需要。

(二) 驗資

關閉「股東資金存款」界面，點擊操作儀表盤上的「驗資」或點擊操作儀表盤上的「主」回到主場景中點擊「會計師事務所」大樓的進入標示，進入「創業會計事務所」，點擊「驗資」，則會出現「歡迎到會計師事務所辦理事務」，此界面左邊功能區有「××(本人數據)、出具驗資報告、公司註冊進度」。點擊左邊功能區的第一個紅色標籤「出具驗資報告」，在右邊會出現如圖1-3-9所示的「驗資報告」；點擊下方的「提交」，則會出現「確定驗資嗎?」。如果點擊「確定」，則會出現「驗資成功！請前往工商行政管理局辦理公司設立業務」，點擊「確定」，可以查看蓋有「創業市會計師事務所」公章的「創業市×××有限公司驗資報告」「註冊資本實收情況明細表」「驗資事項說明」。

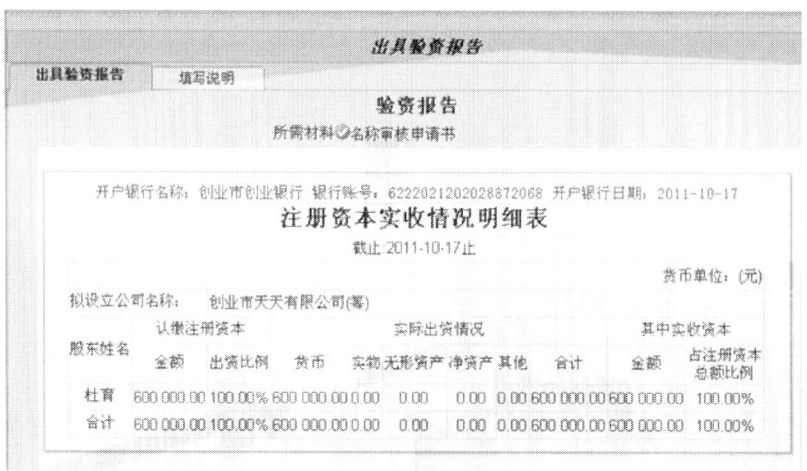

圖 1-3-9　出具驗資報告

特別提示：①在出具驗資報告頁面（見圖 1-3-9）上如果沒有找到「提交」，請將窗口右邊的滾動條下拉，直到「提交」出現為止，點擊即可。②到此頁可能會出現提示「股東尚未註資請去銀行註資」，但是「銀行」顯示的是「已註資」。出現這樣的情況可能是因為在「公司章程」的「第八章附則」中「法人股東蓋章」處沒有簽名，或其他原因。

五、公司設立申請表

關閉驗資報告頁面，點擊操作儀表盤上的「主」回到主場景；點擊「工商行政管理」大樓前的「進入」標示或者直接點擊操作儀表盤上的「工商」，進入工商行政管理局；點擊「公司設立」>「公司設立申請」，則會出現「公司設立申請表」，見表 1-3-1。

表 1-3-1　　　　　　　　　　公司設立申請表

名　稱	創業市××××有限公司		
住　所	創業大廈××座××樓××室	郵政編碼	614000
法定代表人姓　名	自己的姓名	職　務	董事長
註冊資本	600,000（元）	公司類型	有限公司
實收資本	600,000（元）	出資方式	貨幣
經營範圍	自己填寫即可，如玩具製造		
營業期限	系統已經自動生成		
備案事項	無		
本公司依照《中華人民共和國公司法》《中華人民共和國公司登記管理條例》設立，提交材料真實有效。謹此對真實性承擔責任。法定代表人簽字：　　　　　　　　　　　　　　　指定代表或委託代理人簽字：　　　　　年　月　日　　　　　　　　　　　　　　　　　　　　　　　　　年　月　日			

將表1-3-1填寫完成后，點擊「法定代表人簽章」的「筆」圖標處，則會出現「確定設立公司嗎?」。如果點擊「確定」，則會出現「公司設立成功！請在工商行政管理局辦理申請營業執照業務」，再次點擊「確定」。

六、申領營業執照

　　關閉「公司設立申請」窗口，點擊操作儀表盤上的「主」>「工商行政管理局」大樓前的「進入」標示或者點擊操作儀表盤上的「工商」，進入工商行政管理局；點擊「申請營業執照」，則會出現「歡迎到工商行政管理局辦理事務」，左邊功能區有「××（本人數據）」「辦理營業執照」「公司註冊進度」「相關法律法規」；點擊左邊功能區的第一個紅色標籤，則會出現「企業登記頒證及歸檔記錄表」。此表填寫參考如下：

　　企業名稱：創業市××××有限公司。

　　登記類型：股份合作企業或其他企業均可。

　　日期：填寫當天即可。電話：必須要填寫。其餘的項目系統已經自動生成。歸檔情況：可以不填寫。填寫完成后點擊「提交」，則會出現「確定要辦理營業執照嗎?」。如果點擊「確定」，則會出現圖1-3-10，再次點擊「確定」即可。

圖1-3-10

圖1-3-11

七、刻制公章

　　關閉「辦理營業執照」窗口，點擊操作儀表盤上的「主」進入主場景，走到「刻章店」，點擊「進入」，或點擊操作儀表盤上的「刻章」，則會出現「小陳刻章」，點擊「刻章」，左邊功能區有「××（本人數據）」「刻制公司印章」「公司註冊進度」，點擊「刻制公司印章」，點擊藍色底文本框中的「提交」，則會出現「確定申請刻制印章嗎?」，如果點擊「確定」，可以看見公司章、公司財務專用章、公司法定代表人章（自己名字的印章）。備註：有時公章在此處無法顯示。

八、組織機構代碼

　　關閉「刻制公司印章」窗口，點擊操作儀表盤上的「質監」或點擊操作儀表盤上的「主」進入主場景，點擊「質量技術監督局」大樓前的「進入」標示，則可進入

「質量監督局」，點擊「申請組織機構代碼」，則會出現「歡迎到技術質量監督局辦理事務」，左邊功能區有「××（本人數據）」「辦理機構代碼」「公司註冊進度」。點擊左邊功能區的第一個紅色標籤「辦理機構代碼」，則會出現「組織機構代碼證申請表」。此表填寫參考如下：

　　機構名稱：創業市××××有限公司。

　　法定代表人：自己的名字。

　　證件號碼：法定代表人的身分證號。

　　所在地區：填寫公司所在的地區——創業市。

　　機構地址：填寫公司租賃的地址——創業大廈××座××樓××室。

　　成立日期：填寫公司在工商行政管理局註冊的時間（填表的當天）。

　　註冊資金：600,000.00元

　　郵政編碼：614000。

　　公司電話、電子郵件：自行填寫即可。

　　傳真：一個座機號碼即可。

　　經營範圍：如玩具製造等。

點擊「提交」，則會出現「確定要申請組織機構代碼證嗎？」。如果點擊「確定」，則會出現「組織機構代碼證申請成功！請前往國稅局辦理稅務登記業務」，再次點擊「確定」。

九、辦理稅務

關閉「辦理機構代碼」窗口，點擊操作儀表盤上的「主」進入主場景，點擊「國家稅務局」或者「地方稅務局」大樓前的「進入」標示或直接點擊操作儀表盤上的「國稅」或「地稅」。

特別提示：辦理稅務登記時，一定先辦理「國稅」，再辦理「地稅」。如果跳過「國稅」，直接進入「地稅」界面，則無法輸入任何信息，也無「提交」按鈕。

（一）辦理國家稅務

首先，點擊「國家稅務局」大樓前的「進入」標示或直接點擊操作儀表盤上的「國稅」>出現「國家稅務局」，點擊藍色底文本框中的「稅務登記」，則會出現「歡迎到稅務局辦理事務」，此頁面左邊的功能區有「××（本人數據）、稅務登記（國稅）、領登記證（國稅）、公司註冊進度、相關法律法規」。點擊「稅務登記（國稅）」，則會出現「稅務登記表」。此表填寫參考如下：

　　納稅人名稱：創業市××××有限公司。特別提示此處是公司名稱而非個人名字。

　　納稅人識別號：系統自動生成。

　　法定代表人：自己的名字。

　　身分證件名稱：身分證。

　　證件號碼：身分證號碼。

　　註冊地址：創業大廈××座××樓××室。

生產經營地址：創業大廈××座××樓××室。

生產經營範圍——主營：如玩具製造。兼營：可以不填。

所屬主管單位：可以不填。

工商機關名稱：創業市工商行政管理局。

營業執照名稱：企業法人營業執照。

營業執照序號：系統自動生成。

發照日期：填表當天。

有效期限：系統自動生成。

開業日期：自行填寫。

開戶銀行名稱：創業市創業銀行。

銀行帳號：企業註資時生成的臨時存款帳號，可在「銀行」>「股東資金存款」處查詢。

幣種：貨幣。

是否繳稅帳號：是。

從業人數：自行填寫。

經營方式：自產自銷。

行業：製造業。

註冊資本：600,000元。

註冊資本幣種：人民幣。

其餘均可不用填寫。填寫完成在法定代表人（負責人）蓋章處和納稅人處，點擊公章，則會出現「確定要登記稅務嗎？」。如果點擊「確定」，則會出現「國稅登記成功！請前往地稅局辦理稅務登記業務」。

特別提示：在填寫此表之前建議大家先將開戶銀行名稱、銀行帳號統一記錄後，再填寫。如果有必須填寫項目但未填寫或者是填寫錯誤，點擊「公章」確定後，則會出現「i」標示，此時則需進一步更改「ⓘ」標示處的信息。

然后，領取稅務登記證（國稅）。點擊左邊功能區的「領登記證（國稅）」，即可得到一張蓋有國家稅務局公章的稅務登記證（見圖1-3-12）。此稅務登記證右上方上的「創聯稅字×××××××號」，請大家將此稅字號記下，在填寫「開立單位銀行結算帳戶申請書」和「用人單位社會保險登記表」均需要。

(二) 辦理地方稅務

關閉「領登記證（國稅）」界面，點擊操作儀表盤上的「主」進入主場景，點擊「地方稅務局大樓」前的「進入」標示或點擊操作儀表盤上的「地稅」，則會出現「地方稅務局」，點擊「稅務登記」，則會出現「歡迎到稅務局辦理事務」頁面，此頁面左邊功能區有「××（本人數據）、稅務登記（地稅）、領登記證（地稅）、公司註冊進度、相關法律法規」。點擊左邊功能區的「稅務登記（地稅）」，出現「稅務登記表」。此表的信息已經在國稅登記時填寫過，因此，只需要確認信息，點擊「提交」，則會出現「確定要登記稅務嗎？」。如果點擊「確定」，則出現「地稅登記成功！請前往銀行辦理

圖 1-3-12　稅務登記證

銀行開戶業務！」。

點擊左邊功能區的「領登記證（地稅）」，可領取、查看地方稅務登記證，此稅務登記證蓋有創業市國家稅務局公章和創業市地方稅務局公章。此稅務登記證上的創聯稅字××××××號，與國家稅務登記證上的相同。

十、開設銀行基本帳戶

關閉「領登記證（地稅）」窗口，點擊操作儀表盤上的「主」進入主場景，點擊「創業銀行」大樓前的「進入」標示，或點擊操作儀表盤上的「銀行」，快速進入創業銀行，點擊「對公業務」窗口，進入「歡迎到本銀行辦理相關事務」界面，左邊功能區有「×××（本人數據）、股東資金存款、公司註冊進度」；點擊左邊功能區的第二個紅色標籤「開設銀行帳戶」，進入「開設銀行帳戶」界面，則會出現「開立單位銀行結算帳戶申請書」。此處的填寫參見表 1-3-2。

表 1-3-2　　　　　　　　　開立單位銀行結算帳戶申請書

存款人	創業市××××有限公司 此處是公司名稱非個人名字	電話	
地址	創業大廈××座××樓××室	郵編	614000
存款人類別	機構存款	組織機構代碼	系統自動生成
法定代表人 ☐ 單位負責人 ☐	姓名	自己的名字	
	證件種類	身分證	證件號碼
行業分類	A（☐）　B（☐）　C（✓）　D（☐）　E（☐）　F（☐）　G（☐） H（☐）　I（☐）　J（☐）　K（☐）　L（☐）　M（☐）　N（☐） O（☐）　P（☐）　Q（☐）　R（☐）　S（☐）　T（☐）		
註冊資金	600,000	地區代碼	

表1-3-2(續)

經營範圍	如玩具製造			
證明文件種類		證明文件編號		
稅務登記證編號	「國稅>領登記證（國稅）」中查詢			
帳戶性質	基本（☑） 一般（□） 專用（□） 臨時（□）			
資金性質		有效日期至	年 月 日	
以下為存款人上級法人或主管單位信息：				
上級法人或 主管單位名稱				
基本存款帳戶 開戶許可證核准號		組織機構代碼		
法定代表人	□	姓名		
單位負責人	□	證件種類	證件號碼	
以下欄目由開戶銀行審核后填寫：				
開戶銀行名稱			開戶銀行代碼	
帳戶名稱			帳號	
基本存款帳戶開 戶許可證核准號			開戶日期	
本存款申請開立單位 銀行結算帳戶，並承 諾所提供的開戶資料 真實、有效。 存款人（公章） 　年　月　日	開戶銀行審核意見： 經辦人（簽章） 銀行（簽章） 　年　月　日		人民銀行審核意見： (非核准類帳戶除外) 經辦人（簽章） 人民銀行（簽章） 　年　月　日	

　　表1-3-2的其餘空白處可以不填，然后在存款人（公章）處點擊「公章」，則會出現「確定提交開立單位銀行結算帳戶申請書嗎？」。如果點擊「確定」，則會出現「銀行開戶成功！貴公司帳戶為：＊＊＊＊＊＊＊＊＊＊＊＊＊＊＊＊＊，請前往勞保局辦理社會保險登記業務！」（見圖1-3-12）。

　　特別提示：「開立單位銀行結算帳戶申請書」填寫完成，「蓋章」「確定」后，點擊此頁面左邊功能區的「股東資金存款」，則會出現一個界面。此界面與前面股東資金存款后顯示的界面類似：開戶銀行名稱（創業市創業銀行）相同，但是銀行帳號不同：註冊驗資時的帳號是臨時存款帳戶，開立單位銀行結算帳戶完成后的帳號是基本存款帳號。在此次實驗課程中，兩個帳號位數相差一位，兩個帳號前面的數字和后面的數字均相同，僅有中間幾位數字不同。請將此處的單位基本存款帳號記下來，因為在「用人單位社會保險登記表」和「企業社會保險開戶登記表」處均需要此帳號。

十一、社會保險

關閉「股東資金存款」界面，點擊操作儀表盤上的「主」進入主場景，點擊「人力資源和社會保障局」大樓前的「進入」標示，或點擊導航儀表盤上的「社保」快速進入人力資源和社會保障局。

(一) 社會保險登記

進入「人力資源和社會保障局」，點擊第一個「社會保險」（最左邊的那個，提示：為員工辦理養老、醫療、失業、工傷、生育保險），則會出現「歡迎到人力資源和社會保障局辦理事務」界面，左邊功能區有「××（本人數據）、社會保險登記、社會保險開戶、公司註冊進度、相關法律法規」；點擊左邊功能區的第一個紅色標籤「社會保險登記」，則會出現「用人單位社會保險登記表」。此表的填寫參見表1-3-3。

表1-3-3　　　　　　　　　　用人單位社會保險登記表

繳費單位名稱	創業市××××有限公司		電話	
單位住所（地址）	創業大廈××座××樓××室		郵編	614000
社會保險企業編號		稅務登記證號	「國稅>領登記證（國稅）」中查詢	
工商登記執照信息	執照種類	企業法人營業執照		
	執照號碼	系統已自動生成		
	發照日期	發照當天		
	有效期限	10年		
批准成立信息	批准單位			
	批准日期			
	批准文號			
法定代表人或負責人	姓名	自己的姓名		
	身分證號			
	電話			
繳費單位經辦人	姓名			
	所在部門			
	電話			
單位類型	有限責任公司		隸屬關係	
主管部門或總機構				
開戶銀行	創業市創業銀行		戶名	創業市××××有限公司
銀行基本帳號	可去「銀行」>「股東資金存款」中查詢			

表1-3-3(續)

參加險種及日期	參加險種	參保日期	社會保險經辦機構名稱
	養老保險	年　月	
	醫療保險	年　月	
	工傷保險	年　月	
	生育保險	年　月	
所屬分支機構信息	負責人	名稱	地址
有關數據	20 年末職工人數　　人		
	20 年末退休人數　　人		
	20 年全部職工工資總額　　萬元		
	20 年職工平均工資　　元/年		
社會保險經辦機構審核意見			

表1-3-3 中的空白處可以不用填寫，完成后，點擊「提交」，則會出現「確定要辦理社會保險登記嗎?」。點擊「確定」，如果沒有任何錯誤時，再次點擊「確定」則會出現「社會保險登記成功！請繼續辦理社會保險開戶業務！」。在點擊「確定」后，如果出現「提交信息有錯誤，或者與之前提交的數據不符！」，此時則須回到剛才的界面，在「i」標示處修改信息。

提示：

（1）社會保險登記時，辦理社會保險處的是基本存款帳號，查詢方法「銀行>股東資金存款」。「工商營業執照號碼」在此表中是自動出現的，無需記憶。但稅務登記號碼需要記憶，可去「國稅>領登記證（國稅）」或者「地稅>領登記證（地稅）」中查詢。

（2）填寫此表時，如果未提交直接離開此頁面，那麼此頁面中剛才所填寫的信息都沒有了。再次回到此頁面時，需要全部重新填寫。因此，填寫此表時有兩種方式：一種方式是將所需信息記錄好以後才進行填寫；另一種方式是在未填寫完成時仍然點擊「提交」，則會提示「提交信息有錯誤，或者與之前提交的數據不符！」，這時去查到自己所需的信息時，再回到此頁面，只需要在「i」處進行修改即可，其他正確的信息仍然存在，無需重新填寫。

(二) 社會保險開戶

關閉「社會保險登記」界面，點擊左邊功能區的第二個紅色標籤「社會保險開戶」，則會出現「企業社會保險開戶登記表」。此表的填寫參見表 1-3-4。

表 1-3-4　　　　　　　　　　企業社會保險開戶登記表

企業社會保險開戶登記表		
單位編號		
單位名稱（章）	創業市××××有限公司	
單位類別（性質）	有限責任公司	
主管部門或機構		
開戶銀行	創業市創業銀行	
帳號	基本存款帳戶，可去「銀行」>「股東資金存款」中查詢	
單位地址	創業大廈××座××樓××室	
郵政編碼	614000	
法定代表人（負責人）	自己的姓名	
身分證號	自己的身分證號	
勞資聯繫人		電話
財務聯繫人		電話
組織機構代碼	系統已自動生成	
營業執照號碼	系統已自動生成	
稅號（地）	系統已自動生成	
備註		
社會保險經辦機構審核意見		

在「填報人」處有「筆」圖標，點擊此圖標，則會出現「確定要辦理社會保險開戶嗎?」。點擊「確定」後如果出現「提交的信息有錯誤或者與之前提交的數據不符」，再次點擊「確定」後，在銀行帳號處會出現「i」，表示銀行帳號錯誤。在此處進行修改，修改後，再次點擊「筆」圖標，則會出現「確定要辦理社會保險開戶嗎?」。如果點擊「確定」，則出現「恭喜您! 您申請的公司已經完成全部註冊手續，公司已經正式成立。所有註冊流程的資料可以在公司內部『總經理—公司籌備資料』位置進行查詢。接下來即將進入公司營運階段，請做好公司發展規劃及營運準備。祝您的公司業績蒸蒸日上，生意興隆!」，點擊「確定」。

點擊「公司註冊進度」，彈出的窗口中註冊流程裡的所有項目下方都有了綠色的對號，標示所有的項目均已完成。至此，已完全完成公司工商稅務登記所有流程工作，公司正式成立。查看自己是否完成也可以在公司「總經理」辦公室查詢，有「完成率」「出錯率」及「得分」。

第四章　補充知識

　　在創業準備中，使用的銀行帳戶有兩種：一種是註冊驗資的臨時存款帳戶（國稅、地稅登記時使用）；另一種是基本存款帳戶（社會保險登記與社會保險開戶以及后期經營所用）。

　　銀行結算帳戶又稱人民幣銀行結算帳戶，是指存款人（單位或個人）在經辦銀行開立的辦理資金收付結算的人民幣活期存款帳戶。

一、銀行結算帳戶的分類

（一）按存款人不同，銀行結算帳戶可以分為單位銀行結算帳戶和個人結算帳戶

　　個體工商戶憑營業執照以字號或經營者姓名開立的銀行結算帳戶納入單位銀行結算帳戶管理。

　　個人銀行結算帳戶是指存款人憑個人身分證件以自然人名稱開立的銀行結算帳戶。郵政儲蓄機構辦理銀行卡業務開立的帳戶（個人支付）也納入個人銀行結算帳戶管理。

（二）按用途不同，銀行結算帳戶可以分為基本存款帳戶、一般存款帳戶、專用存款帳戶和臨時存款帳戶四種

二、臨時存款帳戶

　　臨時存款帳戶是指存款人臨時需要並在規定期限內使用而開立的銀行結算帳戶。

　　下列情況，存款人可以申請開立臨時存款帳戶：設立臨時機構；異地臨時經營活動；註冊驗資。

　　存款人申請開立臨時存款帳戶時，應填製開戶申請書，提供相應的證明文件；銀行應對存款人的開戶申請書填寫的事項和證明文件的真實性、完整性、合規性進行認真審查；銀行應將存款人的開戶申請書、相關的證明文件和銀行審核意見等開戶資料報送中國人民銀行當地分支行，經對申報資料進行合規性審查，並核准后辦理開戶手續。該核准程序與基本存款帳戶的核准程序相同。核准后，發給存款人臨時存款帳戶。

　　註冊驗資的臨時存款帳戶在驗資期間只收不付。註冊驗資的資金匯繳人應與出資人的名稱一致。

三、基本存款帳戶

　　基本存款帳戶是指存款人因辦理日常轉帳結算和現金收付需要開立的銀行結算帳戶。存款人只能選擇一家金融機構開立一個基本存款帳戶，不能多頭開立基本存

帳戶。

(一) 基本存款帳戶的使用範圍

基本存款帳戶是存款人的主辦帳戶。開立基本存款帳戶是開立其他銀行結算帳戶的前提。

該帳戶主要辦理存款人日常經營活動的資金收付，以及存款人的工資、獎金和現金的支取。

一個單位只能選擇一家銀行的一個營業機構開立一個基本存款帳戶。不能多頭開立基本存款帳戶。

(二) 基本存款帳戶的開戶要求

凡是具有民事權利能力和民事行為能力，並依法獨立享有民事權利和承擔民事義務的法人和其他組織，均可以開立基本存款帳戶。如個體工商戶、單位附屬獨立核算的食堂、招待所、幼兒園等，也可以開立基本存款帳戶。

提示：單位內部的非獨立核算機構、異地臨時結構不得開立基本存款帳戶。個體工商戶可以開設基本存款帳戶，自然人不能開設基本存款帳戶。

(三) 開立基本存款帳戶的程序

存款人填製開戶申請書，提供規定的證件（證明文件）—開戶銀行審查—中國人民銀行當地分支機構依法核准（2個工作日）—核發的開戶許可證，即可開立該帳戶，並發予基本存款帳戶開戶許可證。

根據《人民幣銀行結算帳戶管理辦法》的有關規定，存款人申請開立銀行結算帳戶時，應填製開戶申請書，提供規定的證明文件；銀行應對存款人的開戶申請書填寫的事項和證明文件的真實性、完整性、合規性進行認真審查，並將審查后的存款人提交的上述文件和審核意見等開戶資料報送中國人民銀行當地分支行，經其核准后辦理開戶手續。

中國人民銀行應於2個工作日內對銀行報送的基本存款帳戶的開戶資料的合規性以及唯一性進行審核，符合開戶條件的，予以核准；不符合開戶條件的，應在開戶申請書上簽署意見，連同有關證明文件一併退回報送銀行。

第二篇　模擬經營

第一章　企業模擬經營簡介

《模擬經營》作為經管中心開出的素質教育課程之一，通過直觀的企業經營沙盤來模擬企業運行狀況，讓學生在分析市場、制定戰略、組織生產、整體行銷和財務結算等一系列活動中體會企業經營運作的全過程，認識到企業資源的有限性，初步瞭解ERP的管理思想，領悟科學的管理規律，提升管理素質。

該實驗融角色扮演、案例分析和集體討論於一體，最大的特點是在「參與中學習」，學習過程接近企業現狀，實習中會遇到企業經營中經常出現的各種典型問題。通過對問題的解決、體會，使得學生初步瞭解和認識企業各崗位的職責、範圍、操作過程、管理業務流程、崗位之間的協作關係。通過和小組成員一起去尋找市場機會，分析規律，制定策略，實施全面管理，在各種決策的成功和失敗的體驗中，學習管理知識，掌握管理技巧，提高自身綜合素質。

第一節　企業模擬經營物理沙盤簡介

企業模擬經營沙盤分為物理沙盤和電子沙盤。物理沙盤的盤面分為財務中心、信息中心、物流中心、行銷與規劃中心和生產中心五個部分，見圖2-1-1。

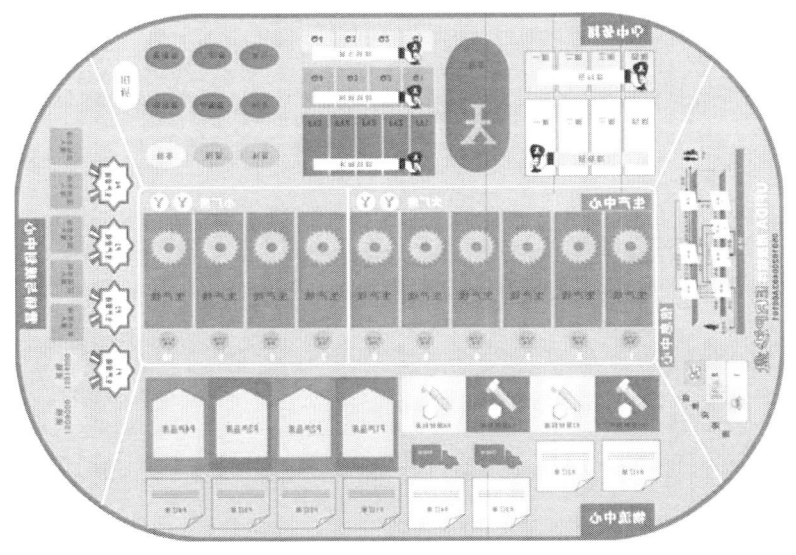

圖2-1-1　企業模擬經營沙盤盤面

各職能中心覆蓋了企業營運的所有關鍵環節，如戰略規劃、市場行銷、生產組織、採購管理、庫存管理、財務管理等，是一個製造企業的縮影。

第二節　組織準備工作

一、人員分組與職能定位

按照班級人數分為7~8個實習小組。首先分配實習角色，實習中的角色分為總經理、財務主管、市場主管、生產主管、採購主管、財務助理（輔助財務主管，主要做會計職能）。各角色的工作職責如下：

(一) 總經理（CEO）

總經理的工作職責包括：制訂和實施公司總體戰略；制定和實施年度經營計劃；負責控制企業按流程運行；負責團隊建設及管理；考察每個人是否勝任崗位。

(二) 行銷主管（CMO）

行銷主管的工作職責包括：市場調查與預測分析；制定市場銷售策略；進行廣告費投放；取得客戶訂單；負責按訂單交貨；負責督促貨款回收。

(三) 財務主管（CFO）

財務主管的工作職責包括會計職能和財務職能兩部分。

(1) 會計職能包括：負責日常現金收支管理；定期核查企業的經營狀況；日常財務記帳和登帳；提供財務報表。

(2) 財務職能包括：參與企業重大決策方案的討論；負責企業的融資策略；控制企業成本費用；負責企業的財務分析；做好現金預算。

(四) 營運主管（COO）

營運主管的工作職責包括：對企業的一切生產活動及產品負全責；生產計劃的制訂；生產過程的實施；生產資源的優化；產品研發管理；固定資產投資；成品庫存管理。

(五) 採購主管

採購主管的工作職責包括：負責各種原料的及時採購和管理；負責編製採購計劃；負責原料入庫；原材料庫存的數據統計與分析；與生產主管協同合作。

角色確定後，需要給即將組建的企業命名，同時由CEO提交本實習小組任職名單，名單按照「角色—姓名—學號」的格式書寫。

二、人員座位佈局

按照盤面佈局，參與實習學生分角色圍坐在盤面周圍，見圖2-1-2。

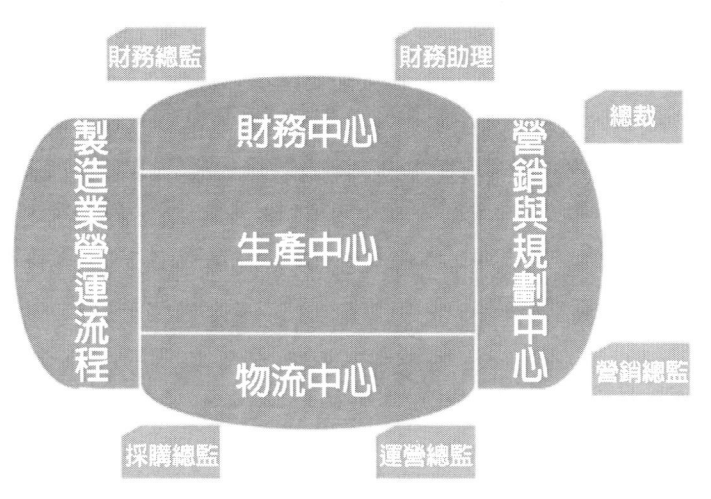

圖 2-1-2　企業模擬經營沙盤盤面（局部）

第二章 模擬企業基本情況描述

第一節 企業背景

本實驗模擬的是一個典型的生產製造型企業，正期待進入某行業生產 P 系列產品，初始資金由股東提供。各實驗小組通過投資新產品的開發、開發新市場、建設現代化的生產基地、獲取更多的利潤、增強企業凝聚力、形成鮮明的企業文化來經營和發展本企業。

P 系列產品包括四種產品，按技術水平從低到高分別為：P1、P2、P3、P4。有權威機構對該行業的發展前景進行了預測，認為該行業市場前景很好。

P 系列產品面向的市場分為五個：本地、區域、國內、亞洲、國際。雖然它們在地域上有包含的關係，但市場的銷售份額沒有包含關係。

圖 2-2-1 P 系列產品的市場劃分

第二節 產品市場的需求預測

一、本地市場 P 系列產品需求量預測及價格預測

本地市場將會持續發展，對低端產品的需求可能要下滑，伴隨著需求量的減少，

低端產品的價格很可能走低。后幾年，隨著高端產品的成熟，市場對 P3、P4 產品的需求將會逐漸增大。由於客戶對質量意識的不斷提高，后幾年對產品的 ISO9000 和 ISO14000 認證有更多的需求。本地市場 P 系列產品需求量預測及價格預測圖如圖 2-2-2、圖 2-2-3 所示。

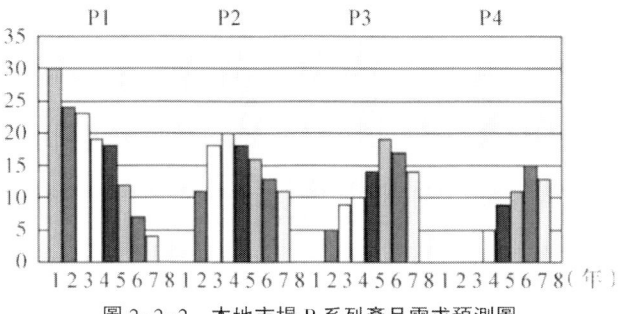

圖 2-2-2　本地市場 P 系列產品需求預測圖

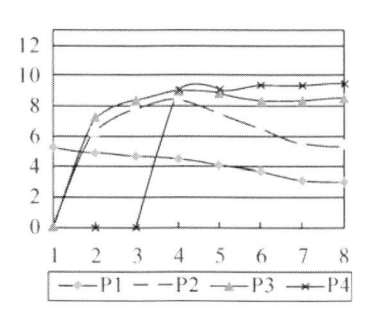

圖 2-2-3　本地市場產品價格預測圖

二、區域市場 P 系列產品需求預測及價格預測

　　區域市場的客戶相對穩定，對 P 系列產品需求的變化很有可能比較平穩。因為緊鄰本地市場，所以產品需求量的走勢可能與本地市場相似，價格趨勢也應大致一樣。該市場容量有限，對高端產品的需求也可能相對較小，但客戶對於產品的 ISO9000 和 ISO14000 認證有較高的要求。產品需求預測及價格預測圖如圖 2-2-4、圖 2-2-5 所示。

三、國內市場 P 系列產品需求預測及價格預測

　　因 P1 產品帶有較濃的地域色彩，估計國內市場對 P1 產品不會有持久的需求。但 P2 產品因更適合於國內市場，估計需求一直比較平穩。隨著對 P 系列產品的逐漸認同，估計對 P3 產品的需求會發展較快。但對 P4 產品的需求就不一定像 P3 產品那樣旺盛了。當然，對高價值的產品來說，客戶一定會更注重產品的質量認證。

圖 2-2-4　區域市場 P 系列產品需求預測圖

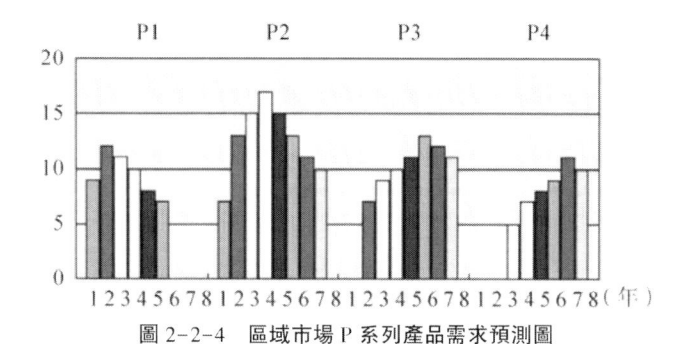

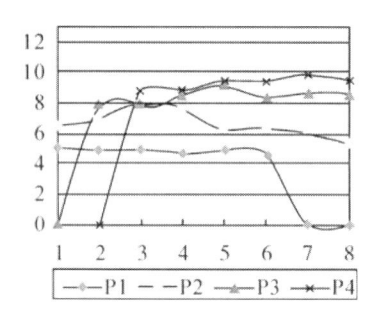

圖 2-2-5　區域市場 P 系列產品價格預測圖

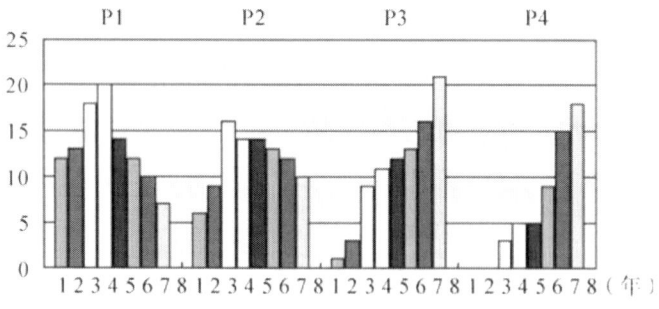

圖 2-2-6　國內市場 P 系列產品需求預測圖

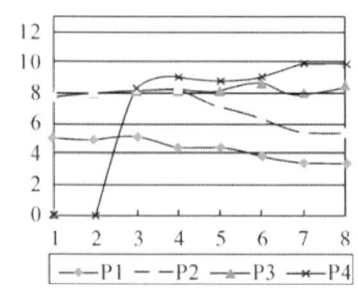

圖 2-2-7　國內市場 P 系列產品價格預測圖

四、亞洲市場 P 系列產品需求預測及價格預測

亞洲市場一向波動較大，所以對 P1 產品的需求可能起伏較大，估計對 P2 產品的需求走勢與 P1 相似。但該市場對新產品很敏感，因此估計對 P3、P4 產品的需求量會發展較快，價格也可能不菲。另外，這個市場的消費者很看重產品的質量，所以沒有 ISO9000 和 ISO14000 認證的產品可能很難銷售。

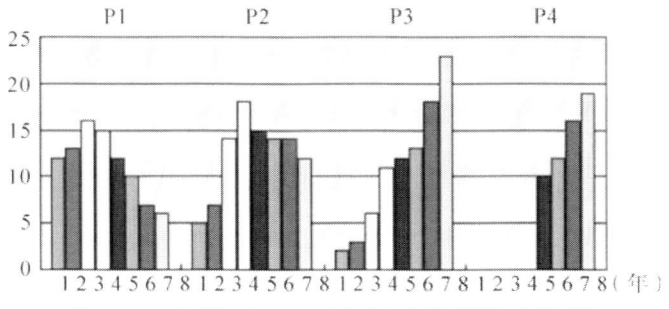

圖 2-2-8 亞洲市場 P 系列產品需求預測及價格預測圖

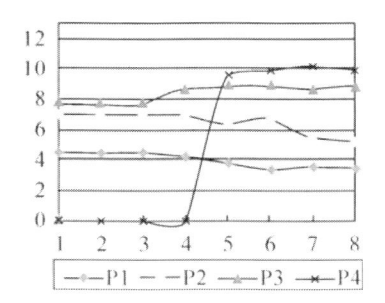

圖 2-2-9 亞洲市場 P 系列產品需求預測及價格預測圖

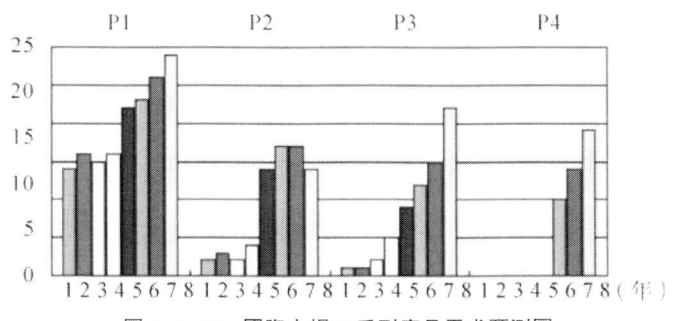

五、國際市場 P 系列產品需求預測及價格預測

P 系列產品進入國際市場可能需要一個較長的時期。有跡象表明，對 P1 產品已經有所認同，但還需要一段時間才能被市場接受。同樣，對 P2、P3 和 P4 產品也會很謹慎的接受。當然，國際市場的客戶也會關注具有 ISO 認證的產品。

圖 2-2-10 國際市場 P 系列產品需求預測圖

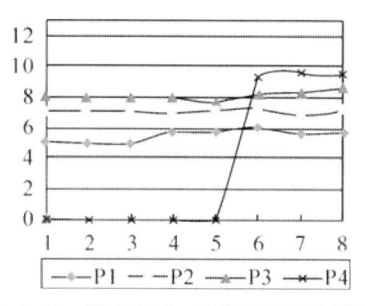

圖 2-2-11　國際市場 P 系列產品價格預測圖

第三章　企業營運規則

一、市場劃分與市場准入

新企業要想銷售產品需要開發市場，新市場包括本地、區域、國內、亞洲、國際市場。不同的市場需要投入的費用及時間不同；各市場可同時開發。在市場開拓過程中，投資必須是每個季度投入規定的相應費用，不能加速開發。但可以暫停或停止開發投資，但已經投資的錢不能收回；停止后的繼續投資，可順延在此之前已經投入的開發支出。

市場投入全部完成后方可在下一年參與該市場競單銷售產品。市場開拓費用及開拓時間見表 2-3-1。

表 2-3-1　　　　　　　　　市場開拓費用及開拓時間表

市場	開拓費用	每年費用	持續時間
本地、區域	1M	1M/年	1 年
國內	2M	1M/年	2 年
亞洲	3M	1M/年	3 年
國際	4M	1M/年	4 年

市場開拓無需交維護費，中途停止使用，也可繼續擁有資格並在以后年份使用。

二、銷售會議與訂單爭取

每年初各企業的銷售經理與客戶見面並召開銷售會議，根據市場地位、產品廣告投入、市場廣告投入和市場需求及競爭態勢，按順序選擇訂單。

首先，由上年在該市場的訂單價值決定市場領導者（市場老大），並由其最先選擇訂單；其次，按產品的廣告投入量的多少，依次選擇訂單；若在同一產品上有多家企業的廣告投入相同，則按該市場上全部產品的廣告投入量決定選單順序；若市場的廣告投入量也相同，則按上年訂單銷售額的排名決定順序；如仍無法決定，先投廣告者先選單。

第一年無訂單。

產品廣告應分配到每個具體的產品和市場；產品廣告投入當年有效，無遞延效果。

廣告投放：1M 有一次選單機會，每增加 2M 增加一次選單機會。

訂單選擇：市場老大只需投入 1M 就可優先選單，其余小組按每個市場單一產品廣告費排序；若單一產品廣告費相同，則按其在該市場廣告的總和排序；若還相同則按

上年排序；若都相同，則公開招標。

注意：各個市場的產品數量是有限的，並非打廣告一定能得到訂單。訂單的獲取取決於市場需求和競爭態勢。

某些訂單下端會標註企業對加工單位的資質要求及特殊交貨期。

資質一般有ISO9000和ISO14000兩種，有的訂單只要求一種資質，有的訂單兩種都要求。企業必須取得相應的資格證書才有資格接受這類客戶訂單。

交貨期：1~4季度。不同的訂單，標註的交貨期不一樣。交貨可以提前，但不能推後，即不能晚於訂單標註的交貨期。

延期處罰：如果不能按期交貨，當年扣除該張訂單總金額的20%作為罰款，且該張訂單被收回。

如圖2-3-1所示，訂單數量是3個P4，單價是12M/個，訂單總金額是36M，交貨期4個季度，應收帳期4個季度。資質需要具備ISO9000和ISO14000。

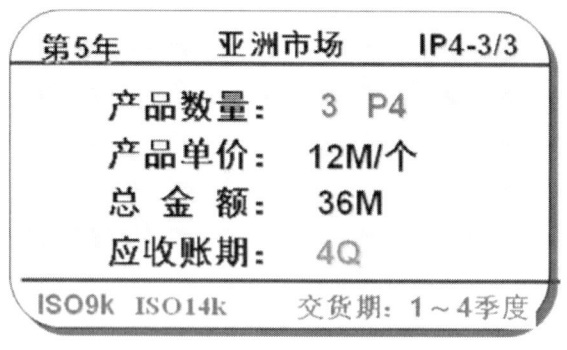

圖2-3-1 訂單示例

三、廠房購買、租賃與出售

廠房可以購買或租賃，購買的廠房可隨時出售；廠房每季度均可租或買，租滿一年的廠房在滿年的季度（如第二季度租的，則在以後各年第二季度為滿年）進行處理，需要用「廠房處置」進行「租轉買」「退租」（當廠房中沒有任何生產線時）等處理，如果未加處理，則原來租用的廠房在滿年季度末自動續租。

廠房不提折舊。

廠房出售時會得到4個帳期的應收款，緊急情況下可進行廠房貼現，直接得到現金。廠房的購買價格、租金及可容納的生產線條數見表2-3-2。

表2-3-2　　　　　　　　　　廠房購買價格、租金和容量表

廠房	買價	賣價	租金	生產線容量
大廠房	40M	40M（4Q）	5M/年	6條生產線
小廠房	30M	30M（4Q）	3M/年	4條生產線

四、生產線購買、轉產與維護、出售

生產線需購買，完成全部投資后方可生產。投資新生產線時按安裝週期平均支付投資，全部投資到位的下一個季度開始生產。

現有生產線轉產新產品時需要在該生產線現有生產全部完成后方可進行，並可能需要一定轉產週期，同時支付一定轉產費用，最后一筆支付到期一個季度后方可生產新產品。

上線生產時需取用原料（如果缺少原料，則必須「停工待料」，但將影響生產效率）並支付加工費，不同生產線的生產效率不同，但加工費相同，均為 1M。

所有生產線都能生產所有產品，但同一生產線不能同時生產兩種產品。

生產線建成后不論是否使用每年均需支付 1M 的維護費，當年在建的生產線和當年出售的生產線不用交維護費。

出售生產線時，如果生產線淨值等於殘值，將淨值轉換為現金；如果生產線淨值大於殘值，將相當於殘值的部分轉換為現金，將差額部分作為費用處理（記入「綜合費用——其他」一欄）。

表 2-3-3　　　　　　　　生產線相關情況表

生產線	購置費	安裝週期	生產週期	總轉產費	轉產週期	維修費	殘值
手工線	5M	無	3Q	0M	無	1M/年	1M
半自動	10M	2Q	2Q	1M	1Q	1M/年	2M
自動線	15M	3Q	1Q	2M	1Q	1M/年	3M
柔性線	20M	4Q	1Q	0M	無	1M/年	4M

註：生產線一旦安裝，則不允許隨意在不同廠房移動。

生產線折舊按平均年限法進行計算：折舊額=設備價值/5。見表 2-3-4。

表 2-3-4　　　　　　　　生產線折舊計算表　　　　　　　　單位：m

生產線	購置費	殘值	建成第 1 年	建成第 2 年	年建成第 3 年	建成第 4 年	建成第 5 年
手工線	5	1	0	1	1	1	1
半自動	10	2	0	2	2	2	2
自動線	15	3	0	3	3	3	3
柔性線	20	4	0	4	4	4	4

當年建成生產線當年不提折舊，當淨值等於殘值時生產線不再計提折舊，但可以繼續使用。

五、原料的採購與支付

原料採購需提前下達採購訂單，其中 R1、R2 採購提前期為 1 個季度，R3、R4 採購提前期為 2 個季度。

每種原料的價格均為1M，原料到貨後必須根據採購訂單如數接受相應原料入庫，並按規定支付原料款，不得拖延。原料採購價格見表2-3-5。

表 2-3-5　　　　　　　　　原料採購價格及提前期表

名稱	購買價格（m/個）	提前期（季）
R1	1	1
R2	1	1
R3	1	2
R4	1	2

如果在生產時缺少了某種原材料，可以通過緊急採購的方式獲得。在緊急採購情況下，付款後即可得到原材料，但原材料價格為訂購價格（直接成本）的2倍。

緊急採購也適用於產成品的採購。交貨的時候，如果某種產品未能及時生產出來，可以在適當範圍內通過緊急採購獲得該種產品，但緊急採購時產成品的價格為該類產品直接成本的3倍。

六、產品研發與管理體系認證

新產品研發投資按季度平均支付或延期，投資完成后方可生產該產品。產品研發費用及開發週期見表2-3-6。

表 2-3-6　　　　　　　　　產品研發費用及開發週期表

名稱	開發費用（m/季）	開發週期（季）	加工費（m）	直接成本（m）	產品組成
P1	1	2	1	2	R1
P2	1	4	1	3	R2+R3
P3	1	6	1	4	R1+R3+R4
P4	2	6	1	5	R2+R3+2R4

產品的研發必須是每個季度投入規定的相應費用，不能加速研發。但可以暫停或停止研發投資，但已經投資的錢不能收回；停止後的繼續研發，可順延在此之前已經投入的研發支出。

企業可以同時研發所有的產品，也可以任意選擇自己需要的產品進行研發。

ISO的兩項認證投資可以同時進行，採用平均支付法支付費用；研發時可以中斷投資延期完成，但不允許加速投資。投資完成后即具備相應資格證。

表 2-3-7　　　　　　　　　ISO認證投資費用及週期表

認證	ISO9000	ISO14000
時間（年）	2	2
費用（m/年）	1	2

產品研發投資與 ISO 認證投資的費用計入當年綜合費用。

七、融資貸款與資金貼現

長期貸款在每年年初進行；短期貸款在每季度初進行。長期貸款最長期限為 5 年；短期貸款期限為 1 年。

長期貸款金額按 10 的倍數進行貸款操作，短期貸款金額則按 20 的倍數進行貸款操作，貸款到期後方可且必須償還；如果在貸款限額內的，可以進行續貸，但都必須先用現金還本付息。

資金貼現在有應收款時隨時可以進行，到帳期不同，貼現費率也不同：12.5% = 1：8（3 季，4 季），10% = 1：10（1 季，2 季）。貼現費計入財務支出。

表 2-3-8　　　　　　　　融資貸款與資金貼現情況表

貸款類型	貸款時間	貸款額度	年息	還款方式
長期貸款	每年年初	長期貸款與短期貸款總和為上一年權益的三倍	10%	年初付息，到期還本。貸款額為 10 的倍數。
短期貸款	每季度初		5%	到期一次還本付息，貸款額為 20 的倍數。
資金貼現	任何時間	視為應收款	1/8（3，4）1/10（1，2）	變現時貼息
庫存拍賣		原材料 8 折，成品原價		

八、綜合費用與稅金

管理費、產品廣告 & 品牌、生產線轉產費、設備維護、廠房租金、市場開拓、ISO 認證、產品研發等計入綜合費用。

每年所得稅計入應付稅金，在下一年初交納。所得稅按照彌補以前年度虧損後的餘額為基數計算。

稅金 =（上年權益 + 本年稅前利潤 − 第 0 年末權益）×25%（取整）

——上年權益小於 60 時

稅金 = 本年稅前利潤 ×25%（取整）　　　　　——上年權益大於 60 時

九、其他規則

（1）破產標準：現金斷流或權益為負。

（2）違約金扣除——向下取整；

庫存拍賣所得現金——向下取整；

貼現費用——向上取整；

扣稅——向下取整。

（3）庫存折價出售損失、生產線變賣損失、緊急採購損失、訂單違約罰款記入綜合費用表——其他。

(4) 完成預先規定的經營年限，將根據各隊的最后分數進行評分。
總成績＝所有者權益×（1＋企業綜合發展潛力/100）－罰分
綜合發展潛力系數見表 2-3-9。

表 2-3-9　　　　　　　　　　綜合發展潛力系數表

項目	綜合發展潛力系數
手工生產線	+5/條
半自動生產線	+10/條
全自動/柔性線	+15/條
大廠房	+15
小廠房	+10
區域市場開發	+10
國內市場開發	+15
亞洲市場開發	+20
國際市場開發	+25
ISO9000	+10
ISO14000	+15
P1 產品開發	+5

注意：

如有若干隊分數相同，則最后一年在系統中先結束經營者排名靠前。

生產線建成即加分，無需生產出產品，也無需有在製品。市場老大和廠房無加分。

每市場每產品選單時第一名選單時間為 60 秒，自第二名起選單時間均為 40 秒。

第四章　企業營運系統操作

一、登錄系統

打開瀏覽器，在瀏覽器地址欄內輸入「Http：//服務器 IP 地址」，然後按回車鍵。瀏覽器顯示登錄界面如圖 2-4-1 所示。

圖 2-4-1　用戶登錄界面

在 Username 欄中輸入用戶名，第一組用戶名為「U01」，第二組用戶名為「U02」，以此類推。

在 Password 欄中輸入密碼。所有用戶的初始密碼均為「1」。密碼可以在登錄后修改。

輸入正確的用戶名、密碼后顯示「用戶首次登錄，請先註冊」界面，如圖 2-4-2 所示。

圖 2-4-2　首次登錄成功

點擊確定進行模擬企業的註冊，如圖2-4-3所示。在其中可以修改登錄密碼，輸入企業公司名稱（必填），各職位人員姓名（如有多人，可以在一個職位中輸入兩個以上的人員姓名）（必填）。最后點擊「登記確認」完成註冊，企業信息將不可更改，然后開始企業的正式營運。

圖2-4-3　模擬企業註冊

二、用戶註冊

用戶點擊「登記確認」完成註冊，系統會出現企業的正式營運界面，如圖2-4-4所示。

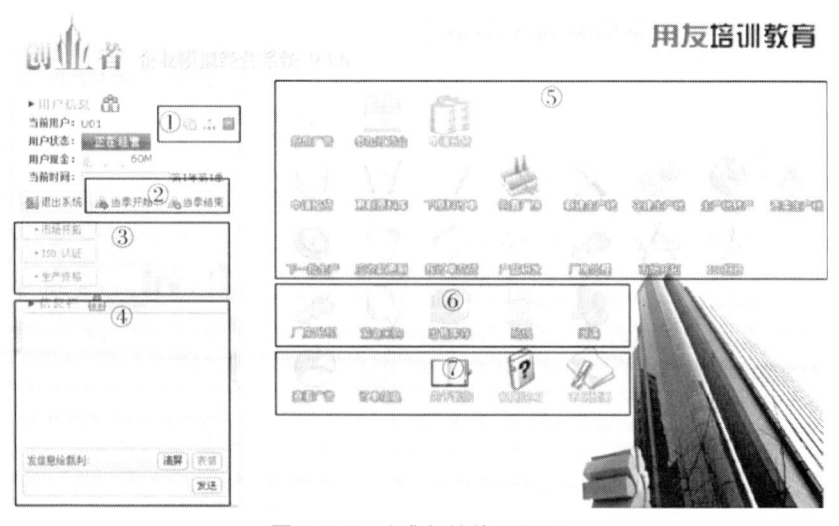

圖2-4-4　企業初始營運界面

在圖 2-4-4 中，方框①中從左到右依次為「公司資料」「組織結構」「資產、生產、庫存信息」，其中「資產、生產、庫存信息」可以幫助經營者在經營過程中隨時掌握企業廠房、生產線、庫存及生產情況。方框②中按鈕控制「當季（年）開始、結束」，當模擬企業當季開始或即將結束時相應按鈕為閃爍提示狀態。方框③中顯示企業資質信息。完成某項資質后相應按鈕由灰色轉亮。方框④可以發布和接收信息。方框⑤是模擬企業操作的基本流程，其中亮色為可操作項目，如申請貸款、購置廠房、生產線等。方框⑥是模擬企業操作的特殊流程，其中亮色為可操作項目，如貼現、緊急採購、間諜等。方框⑦可以進行模擬經營信息查詢，如訂單信息、規則說明、市場預測等。

三、系統營運操作

模擬企業營運操作分為基本流程操作和特殊流程操作。基本流程要求按照一定的順序依次執行，不允許改變其執行的順序。

（一）年初任務

1. 投放廣告

- 沒有獲得任何市場准入證時不能打開投放廣告窗口；
- 在投放廣告窗口中，市場名稱為紅色表示尚未開發完成，不可投入廣告；
- 完成所有市場產品投放后，選擇「確認投放」退出，退出後不能返回更改；
- 投放完成后，可以通過廣告查詢，查看已經完成投放廣告的其他公司廣告投放；
- 廣告投放確認后，長期貸款本息及稅金同時被自動扣除。

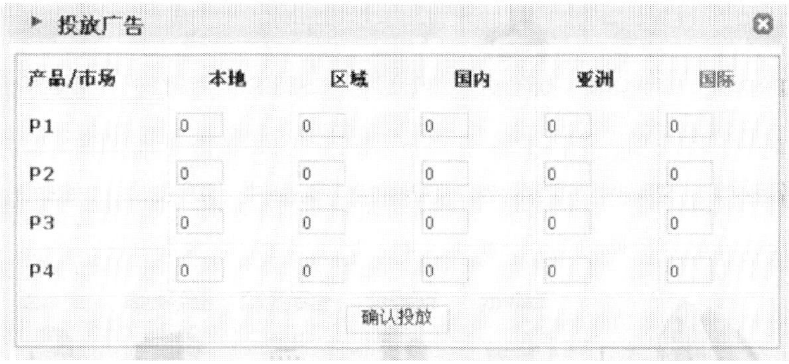

圖 2-4-5　投放廣告

2. 訂貨會

按照第四章第二節「銷售會議與訂單爭取」規則進行訂單的選取。

3. 長期貸款

- 選單結束後直接操作，一年只此一次，然後再點擊「當年開始」按鈕。注意，點擊「當年開始」按鈕后不能再進行長期貸款操作。
- 不可超出最大貸款額度。

- 可選擇貸款年限，確認后不可更改。
- 貸款額為 10 的倍數。

圖 2-4-6　申請長期貸款

(二) 季度任務

每季度經營開始及結束需要點擊「當季度（年）開始」或「當季度（年）結束」確認，第一季度按鈕顯示為當年開始，第四季度按鈕顯示為當年結束。

系統開始新一季度經營時會自動扣除短期貸款本息，同時自動完成更新生產、產品入庫及轉產操作。

第一季度經營完成系統自動扣除管理費（1M/季度）及租金，並且檢測產品開發完成情況。

每個季度操作中，更新原料庫和更新應收款為必走流程，操作了才能進行下一步操作。按照更新原料庫和更新應收款可將季度操作劃分為三段：申請短期貸款及原材料入庫階段，完成生產任務及更新應收款階段，交貨及產品研發、市場開拓階段。每段中包含的各項操作無順序要求，但建議按順序進行操作。

1. 申請短期貸款及原材料入庫階段

申請短期貸款一季度只能操作一次，申請額為 20 的倍數，長期貸款和短期貸款的總額不可超過上年權益規定的倍數。

原材料入庫時系統自動提示需要支付的現金（不可更改），只需要點擊「確認更新」即可，如圖 2-4-7 所示。此時系統會自動扣減入庫原材料的現金；點擊「確認更新」后，后續的操作方可進行，短期貸款申請及原材料入庫操作關閉。

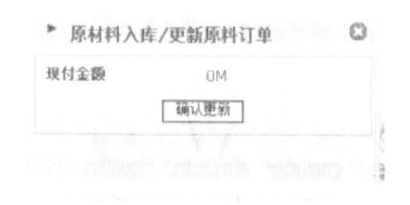

圖 2-4-7　原材料入庫

2. 完成生產任務及更新應收款階段

(1) 下原料訂單。

如圖 2-4-8 所示，在訂購量一欄中輸入所有需要的原料數量，然后點擊「確認訂

購」完成預定原材料工作。點擊「確認訂購」后該窗口消失，訂購量不可修改。一個季度只能操作一次。

圖 2-4-8　下原料訂單

（2）購置廠房

如圖 2-4-9 所示，經營者最多只可使用一大一小兩個廠房。首先選擇廠房類型（大廠房或小廠房），然后選擇買或租，最后點擊「確認獲得」完成廠房購置。

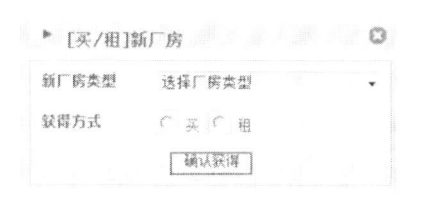

圖 2-4-9　購置廠房

（3）新建生產線

如圖 2-4-10 所示，首先需選擇廠房、生產線類型以及生產產品類型，然后點擊「確認獲得」。已建生產線情況可在查詢窗口查詢；一個季度可操作多次，直至廠房不能再容納。

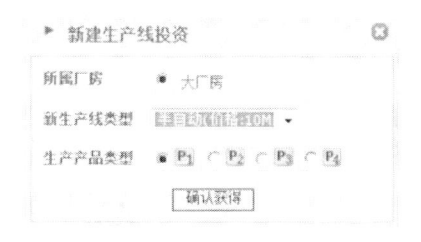

圖 2-4-10　購置廠房

（4）在建生產線

系統會自動列出未完成投資的生產線，選中需要繼續投資的生產線點擊「確認投資」即可完成在建生產線投資。在建生產線投資可以根據資金情況選擇進行，每個季度只可操作一次。如圖 2-4-11 所示。

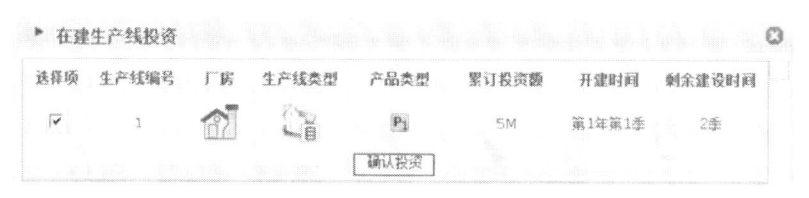

圖 2-4-11　在建生產線投資

（5）生產線轉產

系統會自動列出符合轉產要求的生產線（已經建成且沒有在產品的生產線），如圖 2-4-12 所示。選擇一條要轉產的生產線，並選擇轉產的產品，點擊「確認處理」完成轉產操作。該操作可多次進行。

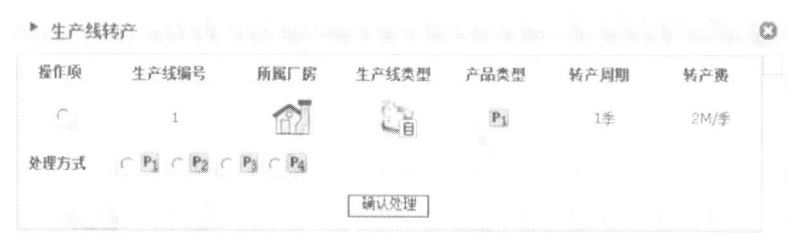

圖 2-4-12　生產線轉產

（6）變賣生產線

系統可以自動列出可變賣生產線（建成後沒有在製品的空置生產線，轉產中生產線也可賣）；選擇要變賣的生產線，按「確認變賣」按鈕完成操作。變賣生產線可重複操作，也可放棄操作。如圖 2-4-13 所示。

圖 2-4-13　變賣生產線

註：變賣後，從價值中按殘值收回現金，高於殘值的部分記入當年費用的損失項目。

（7）開始下一批生產

如圖 2-4-14 所示，系統自動列出可以進行生產的生產線，並自動檢測庫存原料是否能夠滿足生產、是否具備生產資格以及自動計算加工費用，點擊「開始生產」后，系統自動扣除原料及加工費用。

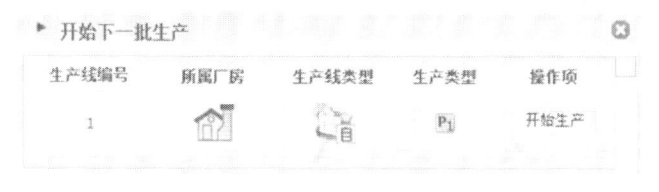

圖 2-4-14　開始下一批生產

（8）應收款更新

系統不會提示本季度到期的應收款，需要自行填入到期應收款的金額，多填不允許操作，少填時，則按實際填寫的金額收現，少收部分轉入下一期應收款。此步操作後，前面的各項操作關閉，並開啟以後的操作任務。

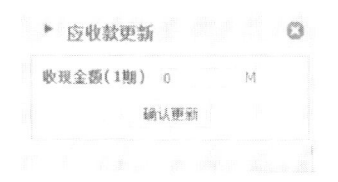

圖 2-4-15　應收款更新

3. 交貨及產品研發、市場開拓階段

（1）按訂單交貨

系統自動列出當年未交訂單，並自動檢測成品庫存是否足夠、交單時間是否過期。點擊「確認交貨」按鈕完成指定訂單的交付，同時系統自動增加應收款或現金。如圖 2-4-16 所示。

圖 2-4-16　按訂單交貨

註：超過交貨期則不能交貨，系統收回違約訂單，並在年底扣除違約金，違約金列在損失項目中。

（2）產品研發

如圖 2-4-1 所示，選定要研發的產品，點擊「確認投資」按鈕即可完成本季度產品研發投資。一個季度只允許操作一次。當季結束系統自動檢測研發是否完成。

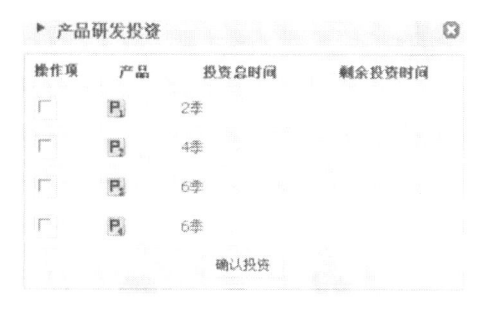

圖 2-4-17　產品研發投資

（3）廠房處理

對購買的廠房（無生產線），在資金緊張時可以賣出。如果有生產線，在廠房賣出後自動轉為租賃廠房，並扣除當年租金，將當季作為租入時間；廠房賣出後增加4Q應收款。

租賃的廠房滿一年（4個季度）後可以轉為購買，即租轉買，並扣除現金。

租賃的廠房如果不執行廠房處理操作，系統自動視為續租，並在當季結束時自動扣除租金。如圖 2-4-18 所示。

圖 2-4-18　廠房處理

（4）市場開拓

選擇要開拓的市場，然後按「確認投資」按鈕即可完成市場開拓投資。該操作只有第四季度可操作一次。第四季度結束系統自動檢測市場開拓是否完成。如圖 2-4-19 所示。

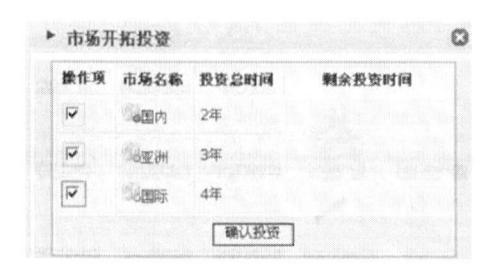

圖 2-4-19　市場開拓投資

（5）ISO 投資

選擇要投資的認證，然后點擊「確認投資」按鈕完成投資操作。該操作只有第四

季度可操作一次，第四季度結束系統自動檢測開拓是否完成。如圖 2-4-20 所示。

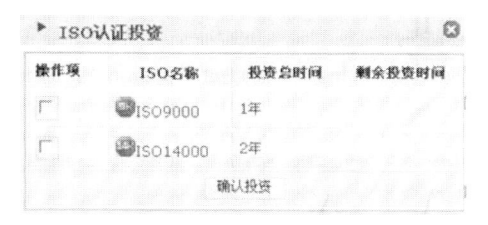

圖 2-4-20　ISO 認證投資

(三) 年末任務

年末系統自動支付行政管理費、租金、設備維護費、計提折舊、違約扣款，同時自動檢測「產品開發」完成情況，檢測「市場開拓」「ISO 資格認證投資」完成情況。

(四) 模擬企業操作的特殊流程

特殊流程中包含的操作不受正常流程運行順序的限制，當需要時就可以操作。此類操作分為兩類：第一類為運行類操作，可以改變企業資源的狀態，如固定資產變為流動資產等；第二類為查詢類操作，其不改變任何資源狀態，只是查詢資源情況。

1. 廠房貼現

廠房貼現可在任意時間操作。

如圖 2-4-21 所示，廠房貼現後將選定廠房賣出，獲得現金；如果該廠房中無生產線，廠房按原值售出後，所有售價按四個季度應收款全部貼現；如果有生產線，除按售價貼現外，還要再扣除租金。

廠房貼現由系統自動全部貼現，不允許部分貼現。

圖 2-4-21　廠房貼現

2. 緊急採購

緊急採購可在任意時間操作。

如圖 2-4-22 所示，先選中需購買的原料或產品，填寫購買數量後點擊「確認訂購」。

緊急採購時立即扣款到貨，購買的原料和產品均按照標準價格計算，高於標準價格的部分，記入損失項。

圖 2-4-22　緊急採購

3. 出售庫存

出售庫存可在任意時間操作。

如圖 2-4-23 所示，先填入計劃售出原料或產品的數量，然後點擊「確認出售」。

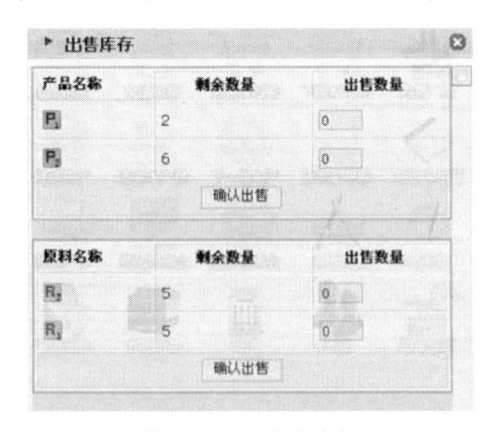

圖 2-4-23　出售庫存

原料、成品按照系統設置的折扣率回收現金，售出後的損失部分記入費用的損失項，所取現金向下取整。

4. 貼現

貼現可在任意時間操作，1、2 季度的貼現率與 3、4 季度的貼現率不同；可多次操作。

如圖 2-4-24，填入的貼現額應小於等於應收款。貼現額乘對應貼現率，求得貼現費用（向上取整），貼現費用記入財務支出，其餘部分為貼現後得到的現金。

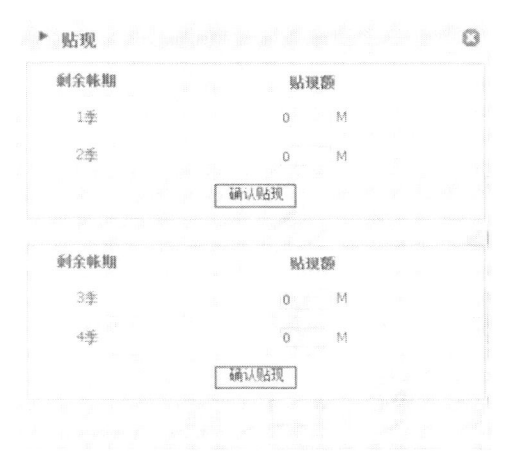

圖 2-4-24　貼現

5. 商業情報收集（間諜）

商業情報收集可在任意時間操作。

如圖 2-4-25、圖 2-4-26 所示，利用商業情報收集可查看任意一家企業廠房、生產線、市場開拓、ISO 開拓、產品開發情況，查看總時間為 20 分鐘，費用為 2M/次。

圖 2-4-25　企業間諜 1　　　　　　　圖 2-4-26　企業間諜 2

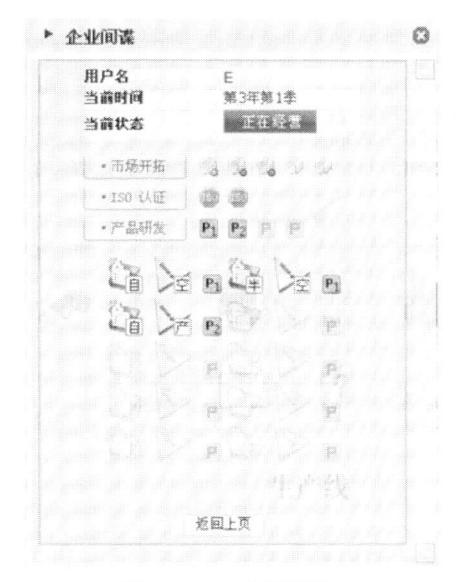

6. 訂單信息

訂單信息查詢可以在任意時間操作，可查本企業所有訂單信息及狀態。

附件一：年度經營記錄表

公司（組號）＿＿＿＿＿＿＿＿＿＿＿＿＿＿　　第一年經營＿＿＿＿＿＿＿＿＿＿

操作順序	企業經營流程每執行完一項操作，CEO 請在相應的方格內打鉤。			
	手工操作流程	系統操作	手工記錄	
年初	新年度規劃會議			
	廣告投放	輸入廣告費確認		
	參加訂貨會選訂單/登記訂單	選單		
	支付應付稅（33%）	系統自動		
	支付長期貸款利息	系統自動		
	更新長期貸款/長期貸款還款	系統自動		
	申請長期貸款	輸入貸款數額並確認		
1	季初盤點（請填余額）	產品下線，生產線完工（自動）		
2	更新短期貸款/短期貸款還本付息	系統自動		
3	申請短期貸款	輸入貸款數額並確認		
4	原材料入庫/更新原料訂單	需要確認金額		
5	下原料訂單	輸入並確認		
6	購買/租用——廠房	選擇並確認，自動扣現金		
7	更新生產/完工入庫	系統自動		
8	新建/在建/轉產/變賣——生產線	選擇並確認		
9	緊急採購（隨時進行）	隨時進行輸入並確認		
10	開始下一批生產	選擇並確認		
11	更新應收款/應收款收現	需要輸入到期金額		
12	按訂單交貨	選擇交貨訂單確認		
13	產品研發投資	選擇並確認		
14	廠房——出售（買轉租）/退租/租轉買	選擇確認，自動轉應收款		
15	新市場開拓/ISO 資格投資	僅第四季度允許操作		
16	支付管理費/更新廠房租金	系統自動		
17	出售庫存	輸入並確認（隨時進行）		
18	廠房貼現	隨時進行		
19	應收款貼現	輸入並確認（隨時進行）		
20	季末收入合計			
21	季末支出合計			
22	季末數額對帳[（1）+（20）-（21）]			
年末	繳納違約訂單罰款（25%）	系統自動		
	支付設備維護費	系統自動		
	計提折舊	系統自動	（　）	
	新市場/ISO 資格換證	系統自動		
	結帳			

公司（組號）＿＿＿＿＿＿＿＿＿＿＿＿　　　　第二年經營＿＿＿＿＿＿＿＿

操作順序	手工操作流程	系統操作	手工記錄
年初	新年度規劃會議		
	廣告投放	輸入廣告費確認	
	參加訂貨會選訂單/登記訂單	選單	
	支付應付稅（33%）	系統自動	
	支付長期貸款利息	系統自動	
	更新長期貸款/長期貸款還款	系統自動	
	申請長期貸款	輸入貸款數額並確認	
1	季初盤點（請填余額）	產品下線，生產線完工（自動）	
2	更新短期貸款/短期貸款還本付息	系統自動	
3	申請短期貸款	輸入貸款數額並確認	
4	原材料入庫/更新原料訂單	需要確認金額	
5	下原料訂單	輸入並確認	
6	購買/租用——廠房	選擇並確認，自動扣現金	
7	更新生產/完工入庫	系統自動	
8	新建/在建/轉產/變賣——生產線	選擇並確認	
9	緊急採購（隨時進行）	隨時進行輸入並確認	
10	開始下一批生產	選擇並確認	
11	更新應收款/應收款收現	需要輸入到期金額	
12	按訂單交貨	選擇交貨訂單確認	
13	產品研發投資	選擇並確認	
14	廠房——出售（買轉租）/退租/租轉買	選擇確認，自動轉應收款	
15	新市場開拓/ISO資格投資	僅第四季度允許操作	
16	支付管理費/更新廠房租金	系統自動	
17	出售庫存	輸入並確認（隨時進行）	
18	廠房貼現	隨時進行	
19	應收款貼現	輸入並確認（隨時進行）	
20	季末收入合計		
21	季末支出合計		
22	季末數額對帳[（1）+（20）-（21）]		
年末	繳納違約訂單罰款（25%）	系統自動	
	支付設備維護費	系統自動	
	計提折舊	系統自動	（　）
	新市場/ISO資格換證	系統自動	
	結帳		

公司（組號）_____　　　　　第三年經營_____

操作順序	企業經營流程每執行完一項操作，CEO 請在相應的方格內打鈎。			
	手工操作流程	系統操作		手工記錄
年初	新年度規劃會議			
	廣告投放	輸入廣告費確認		
	參加訂貨會選訂單/登記訂單	選單		
	支付應付稅（33%）	系統自動		
	支付長期貸款利息	系統自動		
	更新長期貸款/長期貸款還款	系統自動		
	申請長期貸款	輸入貸款數額並確認		
1	季初盤點（請填余額）	產品下線，生產線完工。（自動）		
2	更新短期貸款/短期貸款還本付息	系統自動		
3	申請短期貸款	輸入貸款數額並確認		
4	原材料入庫/更新原料訂單	需要確認金額		
5	下原料訂單	輸入並確認		
6	購買/租用——廠房	選擇並確認，自動扣現金		
7	更新生產/完工入庫	系統自動		
8	新建/在建/轉產/變賣——生產線	選擇並確認		
9	緊急採購（隨時進行）	隨時進行輸入並確認		
10	開始下一批生產	選擇並確認		
11	更新應收款/應收款收現	需要輸入到期金額		
12	按訂單交貨	選擇交貨訂單確認		
13	產品研發投資	選擇並確認		
14	廠房——出售（買轉租）/退租/租轉買	選擇確認，自動轉應收款		
15	新市場開拓/ISO 資格投資	僅第四季度允許操作		
16	支付管理費/更新廠房租金	系統自動		
17	出售庫存	輸入並確認（隨時進行）		
18	廠房貼現	隨時進行		
19	應收款貼現	輸入並確認（隨時進行）		
20	季末收入合計			
21	季末支出合計			
22	季末數額對帳[(1)+(20)-(21)]			
年末	繳納違約訂單罰款（25%）	系統自動		
	支付設備維護費	系統自動		
	計提折舊	系統自動		（　）
	新市場/ISO 資格換證	系統自動		
	結帳			

公司（組號）＿＿＿＿＿＿＿＿＿＿＿＿　　　第四年經營＿＿＿＿＿＿＿＿＿＿

操作順序	企業經營流程每執行完一項操作，CEO請在相應的方格內打鈎。			
	手工操作流程	系統操作	手工記錄	
年初	新年度規劃會議			
	廣告投放	輸入廣告費確認		
	參加訂貨會選訂單/登記訂單	選單		
	支付應付稅（33%）	系統自動		
	支付長期貸款利息	系統自動		
	更新長期貸款/長期貸款還款	系統自動		
	申請長期貸款	輸入貸款數額並確認		
1	季初盤點（請填余額）	產品下線，生產線完工（自動）		
2	更新短期貸款/短期貸款還本付息	系統自動		
3	申請短期貸款	輸入貸款數額並確認		
4	原材料入庫/更新原料訂單	需要確認金額		
5	下原料訂單	輸入並確認		
6	購買/租用——廠房	選擇並確認，自動扣現金		
7	更新生產/完工入庫	系統自動		
8	新建/在建/轉產/變賣—生產線	選擇並確認		
9	緊急採購（隨時進行）	隨時進行輸入並確認		
10	開始下一批生產	選擇並確認		
11	更新應收款/應收款收現	需要輸入到期金額		
12	按訂單交貨	選擇交貨訂單確認		
13	產品研發投資	選擇並確認		
14	廠房——出售（買轉租）/退租/租轉買	選擇確認，自動轉應收款		
15	新市場開拓/ISO資格投資	僅第四季度允許操作		
16	支付管理費/更新廠房租金	系統自動		
17	出售庫存	輸入並確認（隨時進行）		
18	廠房貼現	隨時進行		
19	應收款貼現	輸入並確認（隨時進行）		
20	季末收入合計			
21	季末支出合計			
22	季末數額對帳[（1)+(20)-(21)]			
年末	繳納違約訂單罰款（25%）	系統自動		
	支付設備維護費	系統自動		
	計提折舊	系統自動	（　）	
	新市場/ISO資格換證	系統自動		
	結帳			

附件二：綜合費用、利潤表和資產負債表

綜合費用	
項目	金額
管理費	
廣告費	
設備維護費	
損失	
轉產費	
廠房租金	
新市場開拓	
ISO 資格認證	
產品研發	
信息費	
合計	

利潤表	
項目	金額
銷售收入	
直接成本	
毛利	
綜合費用	
折舊前利潤	
折舊	
支付利息前利潤	
財務費用	
稅前利潤	
所得稅	
年度淨利潤	

資產負債表			
項目	金額	項目	金額
現金		長期負債	
應收款		短期負債	
在製品		應將所得稅	
產成品		——	
原材料		——	
流動資產合計		負債合計	
廠房		股東資本	
生產線		利潤留存	
在建工程		年度淨利	
固定資產合計		所有者權益合計	
資產總計		負債和所有者權益總計	

註：關於綜合費用表、利潤表及資產負債表的填表說明。

（1）（綜合費用一欄）管理費用＝每季度1M。全年固定交4M。

（2）廣告費＝當年在所有區域所有產品的廣告費總和。

（3）設備維護費＝建成的任何生產線（1M/年）的總和。（只要建成，不管是否在生產，都必須交維護費）

（4）損失＝緊急採購（緊急採購的價格－正常採購或生產的價格）＋賣生產線（淨值－殘值）＋違約金。

（5）轉產費＝當年生產線轉產所用的費用的總和。（見規則，生產線不同轉產費不同）

（6）廠房租金＝當年所租廠房租金的總和（大：5M，小：3M，購買的廠房不交租金和折舊）。

（7）新市場開拓＝當年所開市場的費用總和。（開拓成功的市場以後不需要交任何費用）

（8）ISO 認證＝當年投入 ISO 研發費用的總和。（開發成功的 ISO 以後不需要交任何費用）

（9）產品研發＝當年所研發產品費用的總和。（研發成功後不需要交任何費用）

（10）信息費＝間諜費（當前系統不作要求，但需要記住有這個費用，后面可能會用）。

（11）合計＝所有管理費用這一欄的費用總和。（切記：所有的管理費用這一項均為正數）

（12）（利潤表一欄）銷售收入＝當年所交訂單價格的總和。（無論是否收到錢，都算銷售收入）

（13）直接成本＝當年所交訂單產品的成本總和。（緊急採購的也只算產品的直接成本，多餘的錢記入損失。如緊急採購1P1需要6M，實際生產只需要2M，其中2M為直接成本，多餘的4M記入損失，原材料一樣的計算）

（14）毛利＝銷售收入－直接成本

（15）綜合費用＝綜合費用一欄費用的總和，也就是第11項的值。

（16）折舊前利潤＝毛利－綜合費用

（17）折舊＝生產線折舊總和。（當年建成的生產線不折舊，淨值等於殘值的生產線也不折舊，但還可以繼續使用）

（18）支付利息前利潤＝折舊前利潤－折舊。

（19）財務費用＝長期貸款利息＋短期貸款利息＋貼息。［貼息＝貼現所交的費用（見規則）］

（20）稅前利潤＝支付利息前利潤－財務費用。

（21）所得稅：（大前提，稅前利潤大於0）第一種情況，如果上一年所有者權益大於股東資本，所得稅＝（稅前利潤/4）向下取整；第二種情況，如果上一年所有者權益小於股東資本，所得稅：如果（稅前利潤＋上一年所有者權益）大於股東資本，所得稅＝（稅前利潤＋上一年所有者權益－股東資本）/4 向下取整。如果（稅前利潤＋上一年所有者權益）小於股東資本，則不交所得稅，所得稅＝0。

（22）淨利潤＝稅前利潤－所得稅

（23）（資產負債表一欄）現金＝當年結束後所剩的錢。

（24）應收款＝所交訂單價格的總和－實際收到的錢－貼現的錢。

（25）在製品＝當年結束，生產線上產品的直接成本的總和。（按直接成本計算，見規則）

（26）產成品＝當年結束，庫存產品的直接成本的總和。（按直接成本計算，見規則）

（27）原材料＝當年結束，庫存原材料的直接成本的總和。（按直接成本計算，見規則）

（28）流動資產合計＝（第23項一直加到第27項）

（29）廠房＝購買廠房的價格總和，租的廠房為0。

（30）生產線＝所有生產線淨值的總和。

（31）在建生產線＝當年還不能生產的生產線的價值總和。（只要當年沒有交維護費的生產線都屬於在建生產線）

（32）固定資產合計＝（第29項一直加到第31項）。

（33）資產合計＝流動資產+固定資產。

（34）長期負債＝當年結束時，所有年長期貸款的總和。

（35）短期負債＝當年結束時，當年所有短期貸款的總和。

（36）應交所得稅＝第21項。

（37）負債合計＝（第34項一直加到36項）

（38）股東資本＝系統開始經營時，系統裡的初始現金。這一項，以後每年都固定不變，和初始現金相等。如初始為65M，以後每一年股東資本都為65M。

（39）利潤留存（年度未分配利潤）＝上一年的利潤留存+上一年的年度淨利潤。

（40）年度淨利＝第22項，也就是淨利潤。

（41）所有者權利合計＝（第38項一直加到40項）。當所有者權益為負數時，為破產。

（42）負債和所有者權益合計＝負債合計+所有者權益合計。

注意：只有當第33項和第42項相等的時候，才表示報表有可能做對了。

也就是資產合計必須等於負債和所有者權益合計。

附件三：貸款登記表

貸款登記表

貸款類		1年				2年				3年				4年			
		1	2	3	4	1	2	3	4	1	2	3	4	1	2	3	4
短期貸款	借																
	還																
長期貸款	借																
	還																
高利貸	借																
	還																

貸款類		1年				2年				3年				4年			
		1	2	3	4	1	2	3	4	1	2	3	4	1	2	3	4
短期貸款	借																
	還																
長期貸款	借																
	還																

表(續)

貸款類		1年				2年				3年				4年			
		1	2	3	4	1	2	3	4	1	2	3	4	1	2	3	4
高利貸	借																
	還																

附件四：產品生產登記表

產品生產登記表

類型		1年				2年				3年				4年			
		1	2	3	4	1	2	3	4	1	2	3	4	1	2	3	4
生產線	1																
	2																
	3																
	4																
	5																
	6																
產品	P1																
	P2																
	P3																
	P4																

類型		1年				2年				3年				4年			
		1	2	3	4	1	2	3	4	1	2	3	4	1	2	3	4
生產線	1																
	2																
	3																
	4																
	5																
	6																
產品	P1																
	P2																
	P3																
	P4																

附件五：原材料採購登記表

原材料採購登記表

第　年	第 1 季度				第 2 季度				第 3 季度				第 4 季度			
原材料	R1	R2	R3	R4	R1	R2	R3	R4	R1	R2	R3	R4	R1	R2	R3	R4
訂購數量																
入庫																

第　年	第 1 季度				第 2 季度				第 3 季度				第 4 季度			
原材料	R1	R2	R3	R4	R1	R2	R3	R4	R1	R2	R3	R4	R1	R2	R3	R4
訂購數量																
入庫																

第　年	第 1 季度				第 2 季度				第 3 季度				第 4 季度			
原材料	R1	R2	R3	R4	R1	R2	R3	R4	R1	R2	R3	R4	R1	R2	R3	R4
訂購數量																
入庫																

第　年	第 1 季度				第 2 季度				第 3 季度				第 4 季度			
原材料	R1	R2	R3	R4	R1	R2	R3	R4	R1	R2	R3	R4	R1	R2	R3	R4
訂購數量																
入庫																

第　年	第 1 季度				第 2 季度				第 3 季度				第 4 季度			
原材料	R1	R2	R3	R4	R1	R2	R3	R4	R1	R2	R3	R4	R1	R2	R3	R4
訂購數量																
入庫																

第　年	第 1 季度				第 2 季度				第 3 季度				第 4 季度			
原材料	R1	R2	R3	R4	R1	R2	R3	R4	R1	R2	R3	R4	R1	R2	R3	R4
訂購數量																
入庫																

附件六：訂單記錄表

訂單記錄表

序號	市場	產品	數量	總價	得單年份	交貨期	帳期	交貨時間	訂單狀態

附件七：應收帳款登記表

應收帳款登記表

類別		1年				2年				3年				4年			
		1	2	3	4	1	2	3	4	1	2	3	4	1	2	3	4
應收期	1																
	2																
到款	3																
貼現	4																
貼現費																	

類別		1年				2年				3年				4年			
		1	2	3	4	1	2	3	4	1	2	3	4	1	2	3	4
應收期	1																
	2																
到款	3																
貼現	4																
貼現費																	

第三篇
招標投標模擬

第一章　招標投標的基礎知識

中國從20世紀80年代初開始在建設工程領域引入招標投標制度。2000年1月1日《中華人民共和國招標投標法》（以下簡稱《招標投標法》）實施，標志著中國正式以法律形式確定了招標投標制度。2012年2月1日《中華人民共和國招標投標法實施條例》（以下簡稱《招標投標法實施條例》）施行，以配套行政法規形式進一步完善了招標投標制度。此外，國務院及有關部門陸續頒布了一系列招標投標方面的規定，地方人大及其常委會、人民政府及其有關部門也結合本地區的特點和需要，相繼制定了招標投標方面的地方性法規規章和規範性文件，中國的招標投標法律制度逐步完善，形成了覆蓋全國各領域、各層級的招標投標法律法規及其政策體系。

隨著社會主義市場經濟的發展，現階段不僅在工程建設的勘查、設計、施工、監理、重要設備和材料採購等領域實行了必須招標制度，而且在政府採購、機電設備進口以及醫療器械藥品採購、科研項目服務採購、國有土地使用權出讓等方面也廣泛採用了招標方式。此外，在城市基礎設施項目、政府投資公益性項目等建設領域，以招標方式選擇項目法人、特許經營者、項目代建單位、評估諮詢機構及貸款銀行等，也已經成為招標投標法律體系中的規範的重要內容之一。

第一節　招標投標的概念

招標是指招標人根據貨物購買、工程發包以及服務採購的需要，提出條件或要求，以某種方式向不特定或一定數量的投標人發出投標邀請，並依據規定的程序和標準選定中標人的行為。

投標是指投標人接到招標通知后，回應招標人的要求，根據招標通知和招標文件的要求編製投標文件，並將其送交給招標人，參加投標競爭的行為。

招標和投標是相對而言的，並非獨立個體。在整個項目的招標投標過程中，招標和投標兩個過程相互聯繫，相互貫穿，相互依存。

第二節　招標投標的特點

招標投標的整個過程以法律為準繩，是市場經濟的產物，並隨著市場經濟的發展而逐步推廣，必然要遵循市場經濟活動的基本原則。招標投標具有以下特點：

一、規範性

招標投標的規範性主要指程序的規範和內容的規範。招標投標雙方之間都用相應的具有法律效力的規則來限制，招標投標的每一個環節都有嚴格的規定，一般不能隨意改變。在確定中標人的過程中，一般都按照目前各國的做法及國際慣例的標準進行評標。

二、公開性

公開性即「信息透明」，招標投標活動必須具有高度的透明度，招標程序、投標的資格條件、評標標準、評標方法、中標結果等信息要公開。使每一個投標人能夠及時獲得有關信息，從而平等參與投標競爭，依法維護自身的合法權益。此外，將招標投標活動放置於公開透明的環境中，也為當事人和社會各界的監督提供了重要條件。

三、公平性

公平性即「機會均等」，要求招標人一視同仁地對待所有的投標人，並為所有投標人提供平等的機會，使其享有同等的權利並履行相應的義務，不歧視或者排斥任何一個投標人。招標人不得在招標文件中要求或者表明特定的生產供應商以及含有傾向或者排斥潛在投標人的內容，不得以不合理的條件限制或排斥潛在投標人，不得對潛在投標人進行歧視待遇；否則，將承擔相應的法律責任。

四、競爭性

招標投標活動是最具有競爭的一種採購方式。招標人的目的是使採購活動能盡量節省開支，最大限度地滿足採購目標。因此，在採購過程中，招標人會以投標人的最優惠條件來選定中標人。投標人為了獲得最終的中標，就必須競相壓低成本，提高標的物的質量，同時在遵循公平的原則下，投標人只能進行一次報價，並確定合理的方案投標，因此投標人在編寫標書時必須成熟且慎重，盡可能提高中標率。

從上述特點可以看出，招標投標活動必須規範採購程序，使參與採購項目的投標人獲得公平待遇，以及加大採購過程的透明度和客觀性，促進招標人獲取最大限度的競爭，節約採購資金和使採購效益最大化，杜絕腐敗和濫用職權等方面都起到至關重要的作用。

第三節　招標方式

根據《招標投標法》的規定，中國的招標方式主要分為公開招標和邀請招標兩種方式。

一、公開招標

公開招標，即招標人按照法定程序，在指定的報刊、電子網路和其他媒介上發布招標公告，向社會公示其招標項目要求，吸引眾多潛在投標人參加投標競爭，招標人按事先規定程序和辦法從中擇優選擇中標人的招標方式。採用這種招標方式，凡是對該項目感興趣的、符合規定條件的承包商、供應商，不受地域、行業和數量的限制，均可申請投標，購買資格預審文件，申請資格預審，合格后方可參加投標。這種方式被認為是最系統、最完善、最規範的招標方式。

公開招標的優點：對投標人而言，可為所有的潛在投標人提供一個平等競爭的機會，廣泛吸引投標人，招標投標程序透明度高，較大程度上避免了招標投標活動中的賄標行為。而對招標人而言，可以在較廣範圍內選擇投標人，競爭激烈，擇優率高，有利於降低工程造價，提高工程質量和縮短工期。

公開招標的缺點：由於參加競爭的投標人可能很多，招標的準備工作，對投標申請者進行資格預審和評標的工作量大，招標時間長，費用高；同時，參加競爭的投標人越多，每個參加者中標的機會越小，風險越大；在投標過程中也可能出現一些不誠實、信譽又不好的承包商為了「搶標」，故意壓低投標報價，以壓低擠掉那些信譽好、技術先進而報價較高的承包商。因此，採用這種招標方式時，業主要加強資格預審，認真評標。

二、邀請招標

邀請招標，即招標人通過市場調查，根據承包商或供應商的資信、業績等條件，選擇一定數量的法定代表人或其他組織（不能少於3家），向其發出投標邀請書，邀請其參加投標競爭，招標人按事先規定的程序和辦法從中擇優選擇中標人的招標方式。

邀請招標的優點：對於招標人而言，採用這種方式可使投標人的數量減少，不僅節省了招標投標的時間、招標投標費用，而且也提高了每個投標人的中標機會，降低了投標風險；因招標人對投標人已經有了一定的瞭解，所邀請的投標人具有較強的專業能力和良好的信譽，因此便於招標人在某種有專業要求的項目選擇中標人。

邀請招標的缺點：投標人數量比較少，競爭不夠激烈。如果數量過少，也就失去了招標投標的意義。由於邀請招標在競爭的公平性和價格方面仍有一些不足之處，因此，採取此種招標方式必須具備一定的條件。按照《招標投標法》的規定，國家重點項目和省、自治區、直轄市地方重點項目不宜採用公開招標的，經批准后才可以進行邀請招標。《招標投標法》第八條規定，國有資金占控股或者主導地位的依法必須進行招標的項目，應當公開招標；但有下列情形之一的，可以邀請招標：

（1）技術複雜、有特殊要求或受自然環境限制，只有少量潛在投標人可供選擇；

（2）採用公開招標方式的費用占項目合同金額比例較大。

在實踐中，是採用公開招標還是邀請招標方式是由招標人決定的。招標人根據項目的特點，只要不違反法律規定，最大限度地實現「公開、公平、公正」，可自主選擇公開或者邀請招標方式。

第四節　招標投標的基本程序

招標投標最顯著的特點就是招標投標活動具有嚴格規範的程序。按照《招投標法》的規定，一個完整的招標投標程序，必須包括招標準備、發布招標公告、資格預審、發售招標文件、編製投標文件、遞交投標文件、開標、評標、中標和簽訂合同等過程，可劃分為招標階段、投標階段、開標、確定中標人四個階段。

一、招標階段

招標是指招標人按照國家有關規定履行項目審批手續、落實資金來源后，成立招標組織機構，依法發布招標公告或投標邀請書，編製並發售招標文件等具體環節。根據項目的特點和實際需要，招標人可自行招標或者委託招標代理機構進行招標，負責組織現場踏勘、進行招標文件的澄清、修改等工作。作為招標投標活動的起始程序，首先應確定招標項目要求、投標人資格條件、評標標準和方法、合同的主要條款等各項實質性條件和要求。因此，招標階段對整個招標投標程序是否合法、科學，能否實現招標目的，起著基礎性的影響。

二、投標階段

投標是指投標人根據招標文件的要求，結合企業的實際情況，編製並提交投標文件，回應招標活動。在投標過程中，投標人參與競爭，並一次性進行投標報價。在投標截止時間結束後，招標人將不能再接受新的投標文件，投標人也不得再更改投標報價及其他實質性的內容。投標人應當在遞交投標文件的同時繳納投標保證金，投標保證金的有效期應大於或等於投標有效期。待投標截止時間結束後，投標人數、投標文件、投標保證金等將不能改變已成定局，因此，投標階段是決定投標人能否中標、招標人能否取得預期招標效果的關鍵。

三、開標階段

開標是指招標人按照招標文件確定的時間和地點，邀請所有投標人到場，當眾開啓投標人提交的投標文件，宣布投標人名稱、投標報價及投標文件中的其他重要內容。開標的時間即為投標文件遞交的截止時間，由招標人主持，全體投標人代表參與。開標最基本的要求和特點是公開，保證所有投標人的知情權，這也是維護各方合法權益的基本條件。

四、評標

招標人依法組建評標委員會，依據招標文件的規定和要求，根據評標辦法，對投標文件進行審查、評審和比較，確定中標人。對於依法必須招標的項目，招標人必須根據評標委員會提出的書面評標報告和推薦的中標候選人確定最終中標人。評標是審

查並確定中標人的必經程序。

依法必須進行招標的項目，其評標委員會由招標人的代表和有關技術、經濟等方面的專家組成，成員人數為 5 人以上單數，其中技術、經濟等方面的專家不得少於成員總數的 2/3。其中專家應當從事相關領域工作滿 8 年並具有高級職稱或者具有同等專業水平，由招標人從國務院有關部門或者省、自治區、直轄市人民政府有關部門提供的專家名冊或者招標代理機構的專家庫內的相關專業的專家名單中確定；一般招標項目可以採取隨機抽取方式，特殊招標項目可以由招標人直接確定。與投標人有利害關係的人不得進入相關項目的評標委員會，已經進入的應當立即更換。評標委員會成員的名單在中標結果確定前應當保密。

五、中標

中標也稱定標，即招標人從評標委員會推薦的中標候選人中確定中標人，並向中標人發出中標通知書，並同時將中標結果通知所有未中標的投標人。評標完成後，招標委員會應當向招標人提交書面評標報告和中標候選人。中標候選人應當不超過 3 個，並標明順序。招標應當自收到評標報告之日起 3 日內公示中標候選人，公示期不得少於 3 日。如投標人或其他利害關係人對依法進行招標的項目的評標結果有異議，應當在公示期內提出。中標既是競爭結果的確定環節，也是發生異議、投訴、舉報的環節，有關行政監督部門應當依法進行處理。

六、簽訂書面合同

中標通知書發出后，招標人和中標人應當按照招標文件和中標人的投標文件在規定時間內訂立書面合同，中標人按合同約定履行義務，完成中標項目。依法必須進行招標的項目，招標人應當自中標通知書發出之日起 30 日內與中標人簽訂書面合同。招標人最遲應在書面合同簽訂后 5 日內向中標人和未中標人退還投標保證金及銀行同期存款利息。招標人應當從確定中標人之日起 15 日內，向有關行政監督部門提交招標投標情況的書面報告。合同的簽訂意味著整個招標投標階段的結束。

第二章　招標投標模擬實訓

第一節　招標公告和投標邀請書的編製

一、招標公告

（一）招標公告的編製

根據《招標投標法》的規定，採用公開招標的方式應當發布招標公告，依法必須進行招標的項目的招標公告，應當發布在國家發展和改革委員會指定的媒介上發布，且不應少於三家。在不同媒介上發布的招標公告對於同一項目而言，內容應當一致。

招標公告內容應當真實、準確和完整。在合同簽訂過程中，招標公告的發出意味著招標投標活動的要約邀請，招標人不得隨意更改招標公告的內容。按照《招標投標法》《招標投標法實施條例》《招標公布發布暫行辦法》的相關規定，招標公告應當載明招標人的名稱和地址、招標項目的性質、數量、實施地點和時間、投標截止日期以及獲取招標文件的辦法、對投標人的要求等事項。

（二）招標公告的發布

按照《招標公布發布暫行辦法》的規定，國家發展和改革委員會經國務院授權，指定《中國日報》《中國經濟導報》《中國建設報》《中國採購與招標網》為依法必須招標項目的招標公告的發布媒介。其中，依法必須招標的國際招標項目的招標公告應在《中國日報》發布。此外，對政府採購項目，財政部依法指定全國政府採購信息的發布媒介是《中國財經報》《中國政府採購網》《中國政府採購》雜志。

招標人在媒介發布依法必須進行招標項目的招標公告時，應當注意以下事項：

（1）招標公告的發布應當充分公開，任何單位和個人不得非法限制招標公告的發布地點和範圍；

（2）指定媒介發布依法招標項目的招標公告，不得收取費用，但發布國際招標公告的除外；

（3）對擬發布的招標公告文本應當有招標人主要負責任簽名並加蓋公章；

（4）在兩個以上媒介發布同一招標項目的招標公告的內容應相同；

（5）指定報紙和網路在收到招標公告文本之日起七日內發布。

二、投標邀請書

按照《招標投標法》第十七條的規定，招標人採用邀請招標方式的，應當向三個

以上具有承擔招標項目能力、信譽良好的特定的法人或者其他組織發出投標邀請書。投標邀請書的內容和招標公告的內容基本一致，只需增加邀請潛在投標人「確認」是否收到了投標邀請書的內容即可。

第二節　資格審查

資格審查分為資格預審和資格后審兩種方式。資格預審是指投標前對獲取資格預審文件並提交資格預審申請文件的潛在投標人進行資格審查的一種方式。一般適用於潛在投標人較多或者大型、技術複雜的項目。

一、資格預審

(一) 資格預審程序

根據國務院有關部門對資格預審的要求和《標準施工招標資格預審文件》範本的規定，資格預審一般按以下程序進行：

(1) 編製資格預審文件；
(2) 發布資格預審公告；
(3) 出售資格預審文件；
(4) 資格預審文件的澄清、修改；
(5) 潛在投標人編製並提交資格預審申請文件；
(6) 組建資格審查委員會；
(7) 由資格審查委員會對資格預審申請文件進行評審並編寫資格預審評審報告；
(8) 招標人審核資格預審評審報告、確定資格預審合格申請人；
(9) 向通過資格預審的申請人發出資格預審結果通知書，並向未通過資格預審的申請人發出資格預審結果通知書。

其中編製資格預審文件和資格預審申請文件的評審，是完成整個資格預審工作的兩項關鍵程序。

(二) 資格預審文件的編製

資格預審文件是招標人公開告知潛在投標人參加招標項目投標競爭應具備資格條件、標準和方法的重要文件，是對投標申請人進行資格評審和確定合格投標人的依據。

根據招標項目的類型不同，對預審文件內容的規定也不盡相同。目前只有工程施工招標項目和貨物招標項目兩類進行了具體規定：

1. 工程施工招標項目

資格預審文件主要包括資格預審公告、申請人須知、資格審查辦法、資格預審申請文件格式、資格預審文件的澄清與修改、建設項目概況等。

2. 貨物招標項目

資格預審文件的內容一般應包括：資格預審邀請書、申請人須知、資格要求、其

他業績要求、資格審查標準和方法、資格預審結果的通知方式。

二、資格后審

資格后審是指在開標后對投標人進行的資格審查。按照《招標投標法實施條例》第二十條的規定，資格后審應當在開標后由評標委員會按照招標文件規定的標準和方法對投標人的資格進行審查。

招標人採用資格后審應當注意的是，資格后審一般在評標過程中的初步評審時進行，招標人應當在招標文件中明確寫明對投標人資格要求的條件、標準和方法。資格后審由評標委員會負責完成，評標委員會應按照招標文件規定的評審標準和方法進行評審，資格后審不合格的投標人，評標委員會應當否決其投標。

第三節　招標文件的構成和編製

一、招標文件的構成

招標文件由招標人編製，反應招標人對招標項目的要求，它的質量好壞直接影響招標投標的成敗。招標文件具有法律效應，其基本內容由相關的法律法規決定，但不同性質的招標項目，招標文件的基本構成也不一樣。因此，編製招標文件首先根據招標項目的性質確定招標文件的基本內容，其次根據招標人的要求對招標文件進行補充，最後檢查並修改招標文件是否存在瑕疵或異議的地方，確保招標文件完整有效。

（一）招標文件的一般構成

按照《招標投標法》第十九條的規定，招標人應當根據招標項目的特點和需要編製招標文件。招標文件是招標人向潛在投標人發出的要約邀請文件，是向投標人發出的旨在向其提供編寫投標文件所需的資料，並載明招標投標過程中所依據的規則、標準、程序等相關內容。

按照有關招標投標法律法規與規章的規定，招標文件一般包括以下七項內容：
（1）招標公告或投標邀請書；
（2）投標人須知（含投標報價和對投標人的各項投標規定與要求）；
（3）評標標準和評標辦法；
（4）技術條款（含技術標準、規格、使用要求以及圖紙等）；
（5）投標文件格式；
（6）擬簽訂合同主要條款和合同格式；
（7）附件及其他要求投標人提供的材料。

（二）不同類型的招標項目的招標文件的構成

1. 工程建設項目

按照《工程建設項目施工招標投標辦法》和《標準施工招標文件的規定》，工程

建設項目施工招標文件的構成應該包括：

(1) 招標公告；
(2) 投標人須知；
(3) 評標辦法；
(4) 合同條款與格式；
(5) 採用工程量清單招標的，應該提供工程類清單；
(6) 圖紙；
(7) 技術標準和要求；
(8) 投標文件格式；
(9) 投標人須知前附表現規定的其他材料；

2. 機電產品國際招標項目

按照《機電產品國際招標投標實施辦法》和《機電產品採購國際競爭性招標文件》的規定，機電產品國際招標文件的構成應包括：

(1) 投標人須知；
(2) 合同通用條款；
(3) 合同格式；
(4) 投標文件格式；
(5) 投標邀請；
(6) 投標資料表；
(7) 合同專用條款；
(8) 貨物需求一覽表及技術規格。

3. 政府採購項目

按照《政府採購貨物和服務招標投標管理辦法》的規定，政府採購項目招標文件的構成應當包括：

(1) 投標邀請；
(2) 投標人須知；
(3) 投標人應當提交的資格、資信證明文件；
(4) 投標報價要求、投標文件編製要求和投標保證金交納方式；
(5) 招標項目的技術規格、要求和數量，包括附件和圖紙等；
(6) 合同的主要條款及合同簽訂方式；
(7) 交貨和提供服務的時間；
(8) 評標辦法、評標標準和廢標條款；
(9) 投標截止時間、開標時間及地點；
(10) 省級以上財政部門規定的其他事項。

二、招標文件的編製

招標文件應當依照《招標投標法》《招標投標法實施條例》和相關法規規章的要求，根據項目特點和需要進行編製。編製招標文件時，不僅要抓住重點，根據不同需

求,合理確定投標人資格審查的標準、投標報價要求、評標標準、評標辦法、標段劃分、確定中標人和擬簽訂合同的主要條款等實質性內容,而且格式應當符合法規要求、內容完整無遺漏、文字嚴密、表達準確、邏輯性強。無論招標項目多麼複雜,招標文件都應當按照以下要求進行編製:

(一) 依法編製招標文件並滿足招標人使用要求

招標文件的編製不僅應當遵守招標投標的相關規定,還應當符合國家其他相關法律法規。各項技術標準應符合國家強制性標準,滿足招標人的要求。除此之外,招標文件的編製應當遵循公開、公平、公正和誠實信用原則,不得有歧視潛在投標人的條款,否則應按照相關規定進行重新招標。

(二) 合理劃分標段(或者標包)和確定工期(或交貨期)

招標人應當按照《招標投標法實施條例》規定的原則,根據招標項目的特點,合理劃分標段(標包)、確定工期(交貨期),並在招標文件中載明。但對工程技術上緊密相連、不可分割的單位工程不得分割標段。招標人在進行標段劃分時,應遵守招標投標法的相關規定,不得利用標段劃分限制或者排斥潛在投標人,不得利用標段劃分規避招標。

(三) 明確規定具體而詳細的使用與技術要求

招標人根據招標項目的特點和需要編製招標文件時,應在招標文件中載明招標項目每個標段或標包的各項使用要求、技術標準、技術參數等各項要求。按照《工程建設項目貨物招標投標辦法》第二十五條的規定,招標文件規定的各項技術規格應當符合國家技術法規的規定。招標文件中規定的各項技術規格均不得要求或載明某一特定的專利技術、商標、名稱、設計、原產地或供應者等,不得含有傾向或者排斥潛在投標人的其他內容。如果必須引用某一供應者的技術規格才能準確、清楚地說明擬招標貨物的技術規格時,則應當在參照后面加上「或相當於」的字樣。

(四) 用醒目方式表明實質性要求和文件

按照《工程建設項目施工招標投標辦法》和《工程建設項目貨物招標投標辦法》的規定,招標人應當在招標文件中規定實質性要求和條件,說明不滿足其中任何一項實質性要求和條件的投標文件將被拒絕,並且用醒目的方式標明。

(五) 規定評標標準和評標辦法以及除價格以外的所有評標因素

按照招標投標的相關規定,招標文件中應當確定規定評標標準、評標辦法和除價格外的所有評標因素,以及將這些因素量化進行評估。

(六) 規定提交備選方案和對備選方案的處理辦法

根據招標投標法律的相關規定,招標人可以要求投標人在提交符合招標文件規定要求的投標文件外,提交備選投標方案,但應在招標文件中做出說明,並提出相應的評審和比較辦法,不符合中標條件的投標人的備選投標方案不予考慮。而對於符合招標文件要求且評標價最低或者綜合評分最高為中標候選人的投標人,其所提交的備選

投標方案方可予以考慮。

（七）規定編製投標文件的合理時間並載明招標文件最短發售期、需要踏勘現場的時間和地點

按照《招標投標法》第二十四條的規定，招標人應當確定投標人編製投標文件所需要的合理時間，依法必須招標項目自招標文件發出之日起至投標人提交投標文件截至之日止不得少於 20 天。

按照《招標投標法》第二十一條的規定和《招標投標法實施條例》第二十八條的規定，招標人根據招標項目的具體情況，可以組織潛在投標人踏勘現場，但不得組織單個或者部分潛在投標人踏勘現場，並在招標文件中載明踏勘現場的時間和地點。

（八）明確投標有效期、投標保證金的數額及有效期、投標保證金的提交和退還、招標文件的售價

招標人應當在招標文件中載明投標有效期，投標有效期從提交投標文件的截止日起算。招標人要求提交投標保證金的，應當在招標文件中明確投標保證金的數額、有效期及提交方式。投標保證金不得超過招標項目估算價的 2%，投標保證金的有效期應當大於或等於投標有效期。依法必須進行招標項目的境內投標單位，以現金或者支票形式提交的投標保證金應當從基本帳戶中轉出。

招標文件中應明確因招標人原因終止招標的，招標人應當及時退還所收取的投標保證金及銀行同期存款利息。同時，招標文件中應明確招標人最遲應當在書面合同簽訂后 5 日內向中標人和未中標的投標人退還投標保證金及銀行同期存款利息。

招標人發售資格預審文件、招標文件收取的費用應當限於補償印刷、郵寄的成本支出，不得以營利為目的。招標人或招標代理機構可收取招標文件成本費。如果招標人終止招標的，應當及時退還所收取的資格預審文件或招標文件的費用。

（九）不得以不合理的條件限制和排斥潛在投標人或者投標人

招標人編製招標文件時，不得有下列屬於不合理條件限制、排斥潛在投標人或投標人的事項：

（1）就同一招標項目向潛在投標人或投標人提供有差別的項目信息；

（2）設定的資格、技術、商務條件與招標項目的具體特點和實際需要不相適應或與合同履行無關；

（3）依法必須進行招標的項目以特定行政區或特定行業的業績、獎項作為加分條件或中標條件；

（4）對潛在投標人或投標人採取不同的資格審查或評標標準；

（5）依法必須進行招標的項目非法限定潛在投標人或投標人的所有制形式或組織形式；

（6）以其他不合理條件限制、排斥潛在投標人或投標人。

（十）充分利用和發揮招標文件標準文本和示範文本的作用

為了規範招標文件的編製和提高招標文件質量，國務院有關部委組織專家和相關

工作人員編製了一系列招標文件文本或示範文本。因此，應當充分利用和發揮招標文件標準文本或示範文本的積極作用，按規定和要求編製招標文件，以保證和提高招標文件的質量。

三、招標文件的澄清和修改

（一）招標人有權對招標文件進行澄清與修改

招標文件發出以後，招標人可以對發現的錯誤或遺漏，在規定時間內主動地或在潛在投標人提出問題時進行解答，進行澄清或者修改。

（二）澄清與修改的時限

按照《招標投標法》第二十三條的規定，應當在投標文件截止時間至少15日前以書面的形式通知所有購買招標文件的潛在投標人，不足15日的，招標人應當順延提交投標文件的截止時間。

對政府採購項目而言，投標截止時間的修改，至少應當在招標文件要求提交投標文件的截止時間3日前進行，以書面形式通知所有購買招標文件的收受人，並在財政部門指定的政府採購信息發布媒體上發布更正公告。

（三）澄清或者修改的內容應為招標文件的組成部分

招標人可以直接採取書面形式，也可以採用召開投標預備會的方式進行解答和說明，但最終必須將澄清與修改的內容以書面方式通知所有招標文件收受人，而且作為招標文件的組成部分。《政府採購貨物和服務招標投標管理辦法》第二十七條規定，招標採購單位對已發出的招標文件進行必要澄清和修改的，應在財政部門指定的政府採購信息發布媒介上發布更正公告，並以書面形式通知所有招標文件收受人，該澄清或者修改的內容為招標文件的組成部分。

四、標底及最高投標限價的編製

招標人可以自行決定是否編製標底，招標項目可不設標底，進行無標底招標。標底的編製應掌握以下幾點：

（1）任何單位和個人不得強制招標人編製或報審標底，不得干預其確定標底；

（2）一個招標項目只能有一個標底，分標段招標的，按標段編製標底；

（3）標底必須保密；

（4）接受委託編製標底的仲介機構不得參加受託編製標底項目的投標，也不得為該項目的投標人編製投標文件或提供諮詢。

招標人設有最高限價的，應當在招標文件中明確最高投標限價或最高投標限價的計算方法。招標人不得規定最低投標限價。

第四節　投標文件的編製

投標是招標投標活動的第二階段，投標人作為招標投標法律關係的主體之一，其投標行為的規範與否將直接影響到最終的招標結果。

一、投標文件的內容及構成

投標人應當按照招標文件的要求編製投標文件。投標文件應當對招標文件提出的實質性要求和條件做出回應。不同的招標項目，投標文件的內容也不盡相同。

（一）工程建設施工項目

按照《工程建設項目施工招標投標辦法》第三十六條的規定，工程建設施工項目投標文件的構成一般包括：

（1）投標函；
（2）投標報價；
（3）施工組織設計；
（4）商務和技術偏差表。

（二）工程建設貨物項目

根據《工程建設項目貨物招標投標辦法》第三十三條的規定，工程建設貨物項目的投標文件一般包括：

（1）投標函；
（2）投標一覽表；
（3）技術性能參數的詳細描述；
（4）商務和技術偏差表；
（5）投標保證金；
（6）有關資格證明文件；
（7）招標文件要求的其他內容。

（三）機電產品國際招標項目

《機電產品採購國際競爭性招標文件》中規定，機電產品國際招標項目的投標文件一般包括：

（1）投標書格式；
（2）投標分項報價表；
（3）開標一覽表；
（4）產品說明一覽表；
（5）技術規格偏離表；
（6）商務條款偏離表；

（7）投標保證金保函格式；
（8）法定代表人授權書格式；
（9）資格證明文件；
（10）履約保證金保函格式；
（11）預付款銀行保函格式；
（12）信用證樣本；
（13）其他所需資料。

（四）建築工程方案設計招標項目

建築工程方案設計投標文件一般包括商務文件和技術文件。對於政府或國有資金投資的大型公共建築工程項目，招標人應當在招標文件中明確參與投標的設計方案必須包括有關使用功能、建築節能、工程造價、營運成本等方案的專題報告。

（五）政府採購貨物和服務項目

政府採購貨物和服務項目的投標文件一般由商務部分、技術部分、價格部分和其他部分組成。另外，投標人根據招標文件載明的標的採購項目的實際情況，擬在中標后將中標項目的非主體、非關鍵性工作交由他人完成的，也應當在投標文件中載明。

二、投標文件的編製

投標人應當按照招標文件的要求編製投標文件。投標文件應當對招標文件提出的實質性要求和條件做出回應。實質性要求和條件一般包括投標文件的簽署、投標保證金、招標項目完成期限、投標有效期、重要的技術規格和標準、合同條款及招標人不能接受的其他條件等。投標人在編製投標文件時，必須嚴格按照招標文件的要求編寫投標文件，認真研究、正確理解招標文件的全部內容，不得對招標文件進行修改，不得遺漏或迴避招標文件的問題，更不能提出任何附帶條件等。

（一）投標文件的編製原則

投標文件是投標階段的書面成果，是評標委員會評審的主要依據。為了使投標更具有競爭優勢，在制定投標文件時應掌握以下幾個原則：

（1）嚴格按照招標文件的要求，提供所有必需的資料和材料。投標人應當按照招標文件規定的格式和要求編製投標文件。所編製的投標文件應當對招標文件提出的實質性要求和條件做出一一回應，不能存在遺漏或重大偏離，否則將被視為廢標。如招標項目屬於建設施工項目，投標文件的內容應當包括擬派出的項目負責人與主要技術人員的簡歷、業績和擬用於完成招標項目的機械設備等。

（2）投標文件中的語言力求準確、嚴謹、完整。因為投標文件可以直接地反應出投標人的經營思想和基本素質，所以，只有嚴謹的思維邏輯，才能使招標人很好地理解投標文件所表達的含義，並相信投標人有能力完成該項目。

（3）投標文件發出之前，投標文件必須進行嚴格的密封。如需要進行補充和修正，應在招標文件規定的日期前進行。

(二) 編製投標文件的注意事項

編製投標文件時應注意以下幾點：

（1）投標人根據招標文件的要求和條件填寫投標文件內容時，凡要求填寫的空格均應填寫，否則被視為放棄意見。實質性的項目或數字如工期、質量等級、價格等未填寫的，將視為無效或作廢的投標文件進行處理。

（2）投標報價進行調整以後，要認真反覆審核標價。單價、合價、總價及其大小寫數字均需仔細核對，保證分項和匯總計算及書寫的準確無誤性，才能開始填寫投標書等投標文件。

（3）投標文件中不應具有塗改和行間插字。除非這些刪改是根據招標人的要求進行的，或者是投標人造成的必須修改的錯誤。修改處應由投標文件簽字人簽字證明並加蓋公章。

（4）投標文件應使用不能擦去的墨水打印或書寫，不允許使用圓珠筆，最好使用打印的形式。各種投標文件的填寫都要求字跡清晰、端正，補充設計圖紙要整潔、美觀。所有投標文件均應由投標人的法定代表人簽署、蓋章，並加蓋單位公章。

（5）編製的投標文件分為正本和副本。正本只有一份，副本應按照招標文件前附表所述的份數提供。投標文件正本和副本如不一致時，以正本為準。

（6）投標文件編製完成以後應按照招標文件的要求整理、裝訂成冊。要求內容完整、紙張一致、字跡清楚、美觀大方。整理時，一定不要漏裝，若投標文件不完整，則會導致投標無效。

（7）在封裝時，投標人應將投標文件的正本和每份副本分別密封在內層包封，再密封在一個外層包封中，並在內包封上正確表明「投標文件正本」和「投標文件副本」。內層和外層包裝都應寫明招標人名稱和地址、合同名稱、工程名稱、招標編號，並註明開標以前不得開封。內層包封上應寫明投標人的名稱和地址、郵政編碼，以便投標出現逾期送達時能原封不動退回。

除此之外，投標文件有下列情形之一的，在開標時將被作為無效或作廢的投標文件，不能參加評標：①投標文件未按規定密封；②未經法定代表人簽署，或未加蓋投標人公章，或未加蓋法定代表人印章；③未按規定的格式填寫的，內容不全或字跡模糊、辨認不清的；④投標截止時間以後送達的投標文件。

三、投標報價的最終確定

標價的設計就是按照招標項目的技術要求和圖紙，按計價模式計算其計價成本或按結構比例法遞推其計價成本，然后加上企業某階段的平均利潤和應納稅金額確定一個基數價格，實際報價則以基數價格為依據，由擬獲利潤的多少或邊際貢獻的大小來調節。標價設計的方法分靜態基數價格和動態決策價格兩種。

標價基數即靜態基數價格，它是以投標企業的個別成本或測算的成本為依據而確定的價格。計價成本一般採用成本加成法來確定標價基數，即在成本上加企業年度平均利潤和應納稅金來確定。標價基數未考慮社會成本對盈利的制約因素以及企業之間

的競爭因素。但它是確定決策價格即實際報價的基礎。

(一) 常規決策法

預測靜態基數價格是為了達到知己的目的，而標價的形成是由內部和外部兩大因素所決定的，所以當基數價格確定以後，首先要研究分析招標對象的特點，確定企業報價策略。招標對象的特點主要體現在招標的目的和要求上。也就是說，招標單位迫切需要解決的問題是什麼，是以提高質量為主，以降低成本為主，還是兩者兼而有之；或者以縮短工期為目的，快速完成工程設備項目任務。根據這些特點，確定報價策略。例如：招標企業如果以產品質量為主，標價可定得高一些；招標企業如果以降低成本為主，標價可定得低一些；如果兩者兼而有之，就得根據競爭環境對企業的影響程度來決定標價水平的高低。又如：工期緊迫，需要加班加點完成的工程設備項目標價可定得高一些；工期寬鬆的工程設備項目標價可定得低一些。在可能的條件下，對標底也進行估計，做到知己知彼，以提高投標的中標率。其次，研究分析競爭對手特點，確定競爭策略。競爭對手特點是指投標單位質量、信譽、設備能力、技術力量、服務態度、管理水平等方面所表現出來的優勢或劣勢。通過調查研究，選擇對本企業威脅較大的投標單位作為模擬競爭對手；通過對比、分析，瞭解自己和競爭對手的投標優勢和劣勢，揚長避短，發揮自己的競爭優勢。

另外，投標單位還可以根據自己生產任務的飽滿程度來決定報價水平的高低。如果生產任務較飽滿，標價可定得高一些；如果生產任務不足，標價可定得低一些。除了對招標單位和競爭對手的特點進行研究分析外，對初步確定的標價方案本身也要復驗和比較選擇。復驗是指投標單位對已編製好的標價方案再進行全面、系統的審核和復查。一個好的標價方案不是一次就能完成的，隨著投標單位對工程設備項目細節的逐步瞭解，標價方案需不斷地進行補充、修改和完善。所謂比較選擇是指投標單位對幾種不同的標價方案進行優劣對比。決策價格是一個多方面、多層次的目標組合體，評價一個標價方案須看總體功效，不能只看部分目標的功效。企業可對不同目標在報價中的重要程度進行分等打分，匯總后確定優劣與取捨。

(二) 中標概率決策法

投標報價遵循的準則首先要爭取中標，其次要盡量獲得較多的利潤。前者制約報價不能太高，否則無中標機會；后者制約報價不能太低，否則可能發生虧損。在成本估算出來後，如何計算投標價格，還可以採用中標概率按照最大期望利潤原則來確定。其計算公式為：

利潤＝報價－含稅完全成本

期望利潤額＝利潤×中標概率

在上述公式中，利潤僅僅是個理論值，企業在實際報價過程中，究竟以什麼價格才能達到既中標的目的又能獲得相對較大的利潤，關鍵在於期望利潤的取值。中標概率和利潤的大小是向著兩個不同方向變化發展：利潤越大，中標概率越小；利潤越小，中標概率越大。最佳期望利潤額取決於中標概率和利潤相互制約後的中界值。根據收集資料的多少，中標概率可由以下方法來估算：

（1）從招標公司或投標單位收集同種工程設備項目不同時期的中標價格，根據中標價格與本單位含稅完全成本的百分比，求出中標概率。

（2）如果沒有上述歷史資料，但可求得本單位某種報價相當於含稅完全成本的百分比，又能估計出某種報價可能戰勝各個不同競爭對手的概率，則某種報價的中標概率為戰勝各競爭對手概率的連乘積。其計算公式如下：

報價中標概率＝某種報價戰勝 A 的概率×戰勝 B 的概率×戰勝 C 的概率×……戰勝最後一家的概率

例如：某投標單位參加某項工程項目投標，已知主要競爭對手有 A、B、C 三家。當報價相當於成本的 115% 時，估計戰勝 A 的可能性為 85%，占勝 B 的可能性為 80%，戰勝 C 的可能性為 95%，則中標概率＝85%×80%×95%＝64.6%。

（3）如果僅能估計出報價對某一競爭者的獲勝概率，其他情況不甚了了，則投標單位中標概率等於戰勝某一競爭者的概率的若干次數的自乘積。

四、投標文件的修改與撤回

投標文件的修改是指投標人對已經遞交給招標人的投標文件中的內容進行修訂，或對遺漏和不足部分進行增補。投標文件的撤回是指投標人收回已經遞交給招標人的投標文件，不再投標，或以新的投標文件重新投標。

投標文件的修改或撤回文件必須在投標文件遞交截止時間之前進行。《招標投標法》第二十九條規定，「投標人在招標文件要求提交投標文件的截止時間之前，可以補充、修改或者撤回已提交的投標文件，並書面通知招標人。」投標截止時間之後至投標有效期滿之前，投標人對投標文件的任何補充、修改，招標人不予接受，撤回投標文件的還將被沒收投標保證金。

《招標投標法實施條例》第三十五條規定，投標人撤回已提交的投標文件，應當在投標截止時間前書面通知招標人。招標人已收取投標保證金的，應當自收到投標人書面撤回通知之日起 5 日內退還。投標截止后投標人撤銷投標文件的，招標人可以不退還投標保證金。

五、投標文件的簽署與密封

《招標投標法實施條例》第三十六條規定，未通過資格預審的申請人提交的投標文件，以及逾期送達或者不按照招標文件要求密封的投標文件，招標人應當拒收。招標人應當如實記載投標文件的送達時間和密封情況，並存檔備查。

六、投標文件的送達與簽收

（一）投標文件的送達

（1）投標文件的提交截止時間。投標文件必須在招標文件規定的投標截止時間之前送達。

（2）投標文件的送達方式。它包括直接送達和郵寄送達兩種方式。郵寄方式送達

應以招標人實際收到時間為準，而不是以「郵戳為準」。

（3）投標文件的送達地點。送達地點必須嚴格按照招標文件規定的地址送達。

(二) 投標文件的簽收

投標文件按照招標文件的規定時間送達后，招標人應簽收保存。在開標前任何單位和個人不得開啓投標文件。

(三) 投標文件的拒收

《招標投標法實施條例》第三十六條規定了招標人可以按照法律規定拒收或不予受理投標文件的情形有三：一是未通過資格預審的申請人提交的投標文件；二是逾期送達的投標文件；三是不按照招標文件的要求密封的投標文件。

（1）對於工程建設項目，逾期送達的或者未送達指定地點的，未按招標文件要求密封的，招標人可以拒絕受理。

（2）對於機電產品國際招標項目，未在規定的投標截止時間之前提交投標的，未在中國國際招標網上進行免費註冊的，招標人可以拒絕受理。

（3）對於政府採購項目：在招標文件要求提交投標文件的截止時間之后送達的投標文件，為無效投標文件，招標採購單位應當拒收。

七、投標保證金

(一) 投標保證金的提交

投標人在提交投標文件的同時，應按招標文件規定的金額、形式、時間向招標人提交投標保證金，並作為其投標文件的一部分。投標保證金的提交，一般應注意以下幾個問題：

（1）投標保證金是投標文件的必須要件，是招標文件的實質性要求，投標保證金不足、無效、遲交、有效期不足或者形式不符合招標文件要求等情形，均將構成實質性不回應而被拒絕或廢標。

（2）對於工程貨物招標項目，招標人可以在招標文件中要求投標人以自己的名義提交投標保證金。

（3）對於聯合體形式投標的，投標保證金可以由聯合體各方共同提交或由聯合體中的一方提交。以聯合體中一方提交投標保證金的，對聯合體各方均具有約束力。

（4）投標保證金作為投標文件的有效組成部分，其遞交的時間應與投標文件的提交時間要求一致，即在投標文件提交截止時間之前送達。投標保證金送達的含義根據投標保證金形式而異，通過電匯、轉帳、電子匯兌等形式的應以款項實際到帳時間作為送達時間，以現金或見票即付的票據形式提交的則以實際交付時間作為送達時間。

(二) 投標保證金的形式

投標保證金的形式一般有以下幾種：①銀行保函或不可撤銷的信用證；②保兌支票；③銀行匯票；④現金支票；⑤現金；⑥招標文件中規定的其他形式。在招標投標實踐中，招標人可以在法律法規允許投標保證金形式之外，規定其他可接受的形式。

如銀行電匯或電子匯兌等。目前，對於不同類別的招標項目，投標保證金的形式也不盡相同。

1. 工程建設項目

投標保證金除現金外，可以是銀行出具的銀行保函、保兌支票、銀行匯票或現金支票，也可以是招標人認可的其他合法擔保形式。

2. 機電產品國際招標項目

投標保證金可採用：①銀行保函或不可撤銷信用證；②銀行本票、即期匯票、保兌支票或現金；③招標文件規定的其他形式。

3. 政府採購項目

投標保證金可以採用現金支票、銀行匯票、銀行保函等形式交納。

(三) 投標保證金的有效期

投標保證金的有效期通常自投標文件提交截止時間之前，保證金實際提交之日起開始計算，投標保證金的有效期限應覆蓋或超出投標有效期。

《工程建設項目施工招標投標辦法》第三十七條規定，投標保證金有效期應當超出投標有效期 30 天。《工程建設項目貨物招標投標辦法》第二十七條規定，投標保證金有效期應當與投標有效期一致。

(四) 投標保證金的金額

投標保證金的金額通常有相對比例金額和固定金額兩種方式。相對比例是取投標總價作為計算基數。

1. 工程建設項目

《工程建設項目施工招標投標辦法》和《工程建設項目貨物招標投標辦法》均規定，投標保證金一般不得超過投標總價的 2%。

2. 勘察設計項目

《工程建設項目勘察設計招標投標辦法》第二十四條規定，招標文件要求投標人提交投標保證金的，保證金數額一般不超過勘察設計費投標報價的 2%，最多不超過 10 萬元人民幣。

3. 政府採購項目

《政府採購貨物和服務招標投標管理辦法》第三十六條規定，招標採購單位規定的投標保證金數額，不得超過採購項目概算的 2%。

第三章　招標投標模擬實訓組織與實施

第一節　發布招標公告、編製招標文件

一、招標公告的編製和發布

招標方式分為公開招標和邀請招標兩種方式。在整個實訓階段，招標都採用公開招標的方式。採用公開招標，首先發布招標公告。招標公告是指招標單位或招標人在進行科學研究、技術攻關、工程建設、合作經營或大宗商品交易時，公布標準和條件，提出價格和要求等項目內容，以期從中選擇承包單位或承包人的一種文書。招標公告應該公開發布在發展和改革委員會指定的媒介上，包括信息中心發布、廣播發布、電子發送三種模式。

招標公告是公開招標時發布的一種周知性文書，要公布招標單位、招標項目、招標時間、招標步驟及聯繫方法等內容，以吸引投資者參加投標。其通常由標題、標號、正文和落款四部分組成。編製招標公告時需注意：①招標項目名稱的擬定與招標項目內容有關，能夠體現出招標項目的性質，能夠吸引潛在投標者的注意。②項目採購編號一般由招標單位名稱的英文編寫、年度和招標公告的順序號組成。項目名稱和項目採購編號的填寫一定要正確，招標文件和投標文件中的採購編號和項目名稱都是參照招標公告中的填寫。③招標範圍和方式。招標範圍按照區域來寫，可分為國內和國外兩種；招標方式分為公開招標和邀請招標。④最高限價是本次招標項目最高控制價，也就是投標人投標報價的上限，不能超過，否則視為廢標。⑤投標人的要求。主要根據公司財務狀況、資質、人才構成和是否具有類似交易案例等情況編製。⑥評標方法。按照現行的評標辦法，可分為綜合評審法和最低價中標法。在此處填寫時，可只填寫相關辦法的名稱，詳細規則可放於招標文件中敘述。

例如，某某招標項目招標公告的填寫：

採購編號：由招標代理機構確定（編號一般由招標單位名稱的英文編寫、年度和招標公告的順序號組成）

項目名稱：××××項目（能夠反應招標項目的特點）

招標範圍及形式：公開招標

委託單位：招標方單位名稱

最高限價：人民幣最高控制價（元）

採購機構全稱：招標代理機構名稱

招標貨物名稱及數量：按照招標人的要求填寫

簡要技術要求/招標項目的性質：

①技術要求：按照招標人的要求填寫，即產品的技術要求。②招標項目的性質：是否為國有資金，是國內招標還是國際招標

對投標人的資格要求：企業的資質、財務狀況、人才結構、近三年的類似案例等

評標方法和標準：綜合評審法或最低價中標法，詳細評分細則見招標文件

獲取招標文件方式：購買

招標文件售價：500元（人民幣招標文件的工本費）

詢標時間：2012年12月1日9時00分

詢標地點：四川省樂山市肖壩路222號

詢標內容：與招標項目相關事宜

聯繫人：張一一

聯繫電話：××××××××××

投標截止時間、開標時間：2012年12月31日9時00分

投標、開標地點：四川省樂山市肖壩路222號

注意事項：需特別提醒潛在投標人應注意的事項

項目負責人：張一一

聯繫電話：××××××××××

傳真電話：××

E-MAIL：××

聯繫地址：四川省樂山市肖壩路222號

郵政編碼：××××××

　　招標公告編製完成，緊接著就是發布。發布招標公告時需注意：①發布的媒介必須是國家規定的，如《中國日報》《中國經濟導報》《中國建設報》《中國採購與招標網》四家，數量至少一家以上。②在多家媒介中發布時，招標公告的內容必須完全一致。

二、招標文件的製作與發售

　　不同的招標項目，招標文件的內容也不同。一般情況下，招標文件應當包括招標項目的技術要求、對投標人資格審查的標準、投標報價要求和評標標準等所有實質性要求和條件以及擬簽訂合同的主要條款。國家對招標項目的技術、標準有規定的，招標人應當按照其規定在招標文件中提出相應要求。招標項目需要劃分標段、確定工期的，招標人應當合理劃分標段、確定工期，並在招標文件中載明。招標文件主要可分為可變內容和不可變內容。不可變內容相當於合同文本中的格式條款，可變內容則是根據招標項目的實際情況和招標人的具體要求來編製的。對於招標文件的編製，本書主要講解可變內容的編寫，不變內容詳見附件1招標文件。

　　招標文件是招標公告的具體化和補充，招標項目的名稱和編號都必須與招標公告

保持一致。在編製時，明確具體規定投標截止時間、投標文件的遞交時間地點、聯繫人、產品的性能和數量、投標人的具體要求、評標辦法。

（1）招標項目的投標截止時間、投標文件的遞交時間和地點填寫。時間以年月日時分的形式填寫，精確到分，地點以省市區路號來填寫。

（2）產品的性能和數量編製。招標項目的產品性能應根據其功能、硬件、軟件等方面來描述。若有售後服務要求，則需要根據安裝、包換包退期、保修期、維修方式等內容來編製。數量要是有多種產品，則按照產品種類分別填寫，不能產生歧義。

例如，某手機採購招標項目的技術要求和數量的填寫：

手機類型：智能手機。網路制式：支持 TD-SCDMA，支持 GPRS/EDGE/HSDPA。攝像頭：800 萬像素。體積重量：137×69×9.9mm，158g。操作系統 Android OS 4.2。支持藍牙，具有 WIFI 功能。

技術文件：

提供產品技術指標和使用、維護所需的全部技術資料及說明書。

操作手冊 1 份。

技術服務：

①產品服務。

第一，保修期至少 1 年以上，非使用者人為損壞，3 個月內包退。

第二，免費送貨上門，免費安裝、調制系統。

②回應時間。

簽訂合同，一週以內需回應，具體日期雙方可協商。

訂貨數量：2,000 臺。

（3）投標人的具體要求。投標人的具體要求應從資質、財務狀況、人才構成、是否具有類似成果的案例等。

例如，某手機採購招標項目的投標人的要求的填寫：

投標人資格要求：

①具有獨立承擔民事責任的能力；

②具有良好的商業信譽和健全的財務會計制度；

③具有履行合同所必需的設備和專業技術能力；

④有依法繳納稅收和社會保障資金的良好記錄；

⑤參加政府採購活動前三年內，在經營活動中沒有重大違法記錄；

⑥具有良好的履約和售後服務能力，並配有較強的技術隊伍，提供快速的售後服務。

三、編製投標文件

（一）投標公司小組

依據招標文件的要求，根據企業的實際情況，編製技術標準和商務標準。根據招標文件的目的和要求，首先計算基礎標價，然後分析競爭環境、對利潤率和中標率進

行權衡，最后確定最終報價。完成投標文件的編製以後，按照要求進行投標文件的封裝，在規定的時間將投標文件遞交到規定的地點。

(二) 招標公司小組

（1）招標公司小組對招標文件的內容進行講解，針對投標公司小組提出的問題，進行答疑。

（2）對投標公司資質進行審查。

（3）開標與評標準備工作。

人員分配：選擇開標會的主持人，熟悉開標會流程（1人）；布置開標大會會場（1人）；記錄人員（1人）；評審委員會人員（2人）；機動人員（1人）。

四、開標、評標、定標等環節

(一) 開標

第一步，介紹與會人員（主要指招標單位人員、交易中心和監督人員）。

第二步，兩階段開標和評標的，要密封第二階段標書，並請各投標人簽名；宣布第二階段開標的時間和地點。

第三步，進行唱標（唱標內容事先準備好，主要內容包括投標文件的密封性是否完好，核對法定代表人的證書和法定代表人授權書的有效性，並校驗投標單位的法定代表人或其委託代理人的身分證原件等），同時在開標匯總表上做好記錄。

第四步，投標單位的法定代表人或其委託代理人在開標記錄表上簽字確認。

第五步，投標單位退場，進入評標階段。

(二) 評標

（1）工作人員在評標前要準備好評標場地和設施。

（2）組織評委簽到，發放招標文件、答疑紀要、鉛筆、計算器等資料（用資料袋裝好），召開標前會（介紹與會人員、項目概況、評標方法、定標原則；選舉評標小組長），由組長負責整個評標過程、推薦中標候選單位、形成評標報告。

（3）評標前，工作人員要核對將發給評委的評標參考資料是否準確、齊全，並會同招標人召開評標委員會預備會。其內容包括：宣讀評標紀律、解釋評標辦法、介紹工程概況、推選評標小組組長。

（4）配合招標人做好保密工作，與評標無關的人員不得進入評標室，任何人不得洩露評委名單，不得索要評委通信方式和向他人透露評標有關情況。

（5）評標過程中，評標專家如遇到困難，工作人員在職權範圍內給予幫助和解決，為評標專家創造良好的評標環境。

（6）服從評委的安排，做好招待、協助等工作。

（7）工作人員不得透露對投標文件的評審和比較、中標候選人的推薦情況以及與評標有關的其他情況，不得干擾和左右評標專家打分，不得暗示或左右評標委員會的評標結果。

（8）專家評標結束後，工作人員要依法核實各評標專家的打分值及評標報告，如發現問題應讓評標專家自己及時糾正。

(三) 中標

根據評標的結果，發布中標公告，同時以中標通知書的形式通知中標人，同時未中標的發放未中標通知書。

(四) 簽訂合同

招標單位與中標人就該項項目簽訂合同。

(五) 課程總結

點評投標的投標報價策略（是否考慮了中標概率和利潤率的平衡）；點評招標公告、招標文件、投標文件中的問題或錯誤。

第二節　案例講解

案例背景：甲方為中環球貿易有限責任公司，乙方為某手機製造企業，甲方委託中信招標代理公司採購一批手機。手機的技術參數如下：手機類型：智能手機。網路制式：支持 TD-SCDMA，支持 GPRS/EDGE/HSDPA。攝像頭：800 萬像素。體積重量：137×69×9.9mm，158g。操作系統 Android OS 4.2。支持藍牙，具有 WIFI 功能。智能手機的採購數量為 20,000 臺。

一、編製並發布招標公告

（略）

二、招標文件的編製與出售

(一) 招標文件的編製

招標人應當根據招標項目的特點和需要編製招標文件。招標文件應當包括招標項目的技術要求、對投標人資格審查的標準、投標報價要求和評標標準等所有實質性要求和條件以及擬簽訂合同的主要條款。國家對招標項目的技術、標準有規定的，招標人應當按照其規定在招標文件中提出相應要求。招標項目需要劃分標段、確定工期的，招標人應當合理劃分標段、確定工期，並在招標文件中載明，詳見附表。

(二) 招標文件的出售

招標代理機構編製完招標文件，安排特定人員做好準備出售招標文件的工作，並做好登記工作。同時，對招標項目感興趣的潛在投標人應在招標公告規定的時間、規定的地點購買招標文件，並填寫招標文件購買登記表（見表 3-3-1）。

表 3-3-1　　　　　　　　　　購買招標文件登記表
(登記招標文件銷售情況)

序號	招標編號	項目名稱	投標單位名稱	聯繫人	聯繫電話	購買價格

三、投標人編製並遞交投標文件

(一) 投標文件的編製

投標人購買招標文件，參加完標前會議后，就開始著手編製招標文件。投標人首先取得招標文件，認真分析研究后（在現場實地考察）編製投標書。投標書編寫實質上是一項有效期至規定開標日期為止的技術標書和商務標書的編寫，內容必須十分明確，中標后與招標人簽訂合同所要包含的重要內容應全部列入，並在投標有效期內不得撤回標書、變更標書報價或對標書內容做實質性修改。

《招投標法》對投標文件進行了嚴格的規定，這不僅體現在投標文件的內容上，還體現了投標文件的形式上。投標文件的密封是不能忽視的一個問題，自遞交到開標時，要求投標文件密封完好，否則招標人和投標人都要追究法律責任。對於投標文件的封面，除了投標法定代表人、投標代表簽字和蓋章以外，對於密封口要蓋公司章，防止他人拆封。

(二) 投標文件的遞交

在招標文件中通常就包含有遞交投標書的時間和地點，投標人不能將投標文件送交招標文件規定地點以外的地方。如果投標人因為遞交投標書的地點發生錯誤，而延誤投標時間的，將被視為無效標而被拒收。投標人應在規定時間之前把投標文件遞交到規定的地點，交給招標人。招標人收到標書以后應當簽收，不得開啟。為了保護投標人的合法權益，招標人必須履行完備的簽收、登記和備案手續。簽收人要記錄投標文件遞交的日期和地點以及密封狀況，簽收人簽名后應將所有遞交的投標文件放置在保密安全的地方，任何人不得開啟投標文件（見表 3-3-2）。

表 3-3-2　　　　　　　　　　　　投標企業登記表
(登記投標企業投遞標書情況)

項目編號：　　　　　　　　　　　　　　　　　　　　　　　　　年　月　日

序號	投標單位名稱	投標包號	密封情況	聯繫人/聯繫電話

　　為防止投標人在投標后撤標或在中標后拒不簽訂合同，招標人通常都要求投標人提供一定比例或金額的投標保證金，投標保證金通常不超過項目估算價格的 2%。招標人決定中標人后，未中標的投標人已繳納的保證金即予退還。投標保證金的形式一般為銀行保函或不可撤銷的信用證、保兌支票、銀行匯票、轉帳支票或現金支票、現金、招標文件規定的其他方式等。投標人在遞交投標文件的同時，應遞交投標保證金，並做好登記。見表 3-3-3。

表 3-3-3　　　　　　　　　　　　投標保證金繳納情況登記表
(登記各投標企業投標保證金繳納情況)

項目編號：　　　　　　　　　　　　　　　　　　　　　　　　　年　月　日

序號	投標單位名稱	聯繫人	聯繫電話	金額	方式

四、招標代理機構組織開標、評標、定標，確定中標人

(一) 開標

開標由招標代理機構主持，開始時間即為投標文件遞交的截止時間，參與人員包括招標方代表、投標人代表、公證人、法律顧問等。開標大會開始之前，與會人員到招標接待處簽到。

開標時，首先應該當眾檢查投標文件的密封情況；招標人委託公證機構的，可由公證機構檢查並公證。一般情況下，投標文件是以書面形式、加具簽字並裝入密封信袋內提交的。所以，無論是郵寄還是直接送到開標地點，所有的投標文件都應該是密封的。這是為了防止投標文件在未密封狀況下失密，從而導致相互串標，更改投標報價等違法行為的發生。只有密封的投標，才被認為是形式上合格的投標（即是否實質上符合招標文件的要求暫且不論），才能被當眾拆封，並公布有關的報價內容。投標文件如果沒有密封，或發現曾被拆開過的痕跡，應被認定為無效的投標，應不予宣讀。其次，為了保證投標人及其他參加人瞭解所有投標人的投標情況，增加開標程序的透明度，所有投標文件（指在招標文件要求提交投標文件的截止時間前收到的投標文件）的密封情況被確定無誤後，應將投標文件中投標人的名稱、投標價格和其他主要內容向在場者公開宣布。考慮到同樣的目的，還需將開標的整個過程記錄在案，並存檔備查。開標記錄一般應記載下列事項，由主持人和其他工作人員簽字確認：①案號；②招標項目的名稱及數量摘要；③投標人的名稱；④投標報價；⑤開標日期；⑥其他必要的事項。見表 3-3-4。

表 3-3-4　　　　　　　　　　開標記錄表

投標人名稱	報價（元）		交貨期	質量標準	投標人確認
	投標報價	優惠后報價			

開標人：　　　　　　　　記錄人：　　　　　　　　復核人：

(二) 評標

評標即是對所有的投標書進行審查和評比的過程。評標由評標委員會負責。評標委員會由具有高級職稱或同等專業水平的技術、經濟等相關領域的專家、招標人和招標機構代表等五人以上單數組成，其中技術、經濟等方面專家人數不得少於成員總數的 2/3，與投標人有利害關係的人不得進入相關項目的評標委員會，已經進入的應當更換。開標前，招標機構及任何人不得向評標專家透露其即將參與的評標項目內容及招標人和投標人有關的情況。評標委員會成員名單在評標結果公示前必須保密。招標人和招標機構應當採取措施保證評標工作在嚴格保密的情況下進行。

在評標工作中，任何單位和個人不得干預、影響評標過程和結果。評標委員會應嚴格按照招標文件規定的商務、技術條款對投標文件進行評審，招標文件中沒有規定的任何標準不得作為評標依據，法律、行政法規另有規定的除外。評標委員會的每位成員在評標結束時，必須分別填寫評標委員會成員評標意見表，評標意見表是評標報告必不可少的一部分。

採用最低評標價法評標的，在商務、技術條款均滿足招標文件要求時，評價格最低者為推薦中標人；採用綜合評價法評標的，綜合得分最高者為推薦中標人。

對投標文件中含義不明確的內容，可要求投標人進行澄清，但不得改變投標文件的實質性內容。澄清要通過書面方式在評標委員會規定的時間內提交。澄清后滿足要求的按有效投標接受。

通過評標，評標委員會根據評審辦法，為投標文件進行排序，確定得分最高的前三名作為中標候選人，並填寫《評標報告》遞交給招標人。招標人在收到《評標報告》後，從評審委員會確定的三名候選人中通過議標的方式選擇最終中標人。其中議標的內容主要包括：①降低標價；②縮短交貨期；③改善支付條件；④提出新的施工或設計方案；⑤免費增加服務。評標報告由評標委員會填寫，填寫的內容主要包括匯總投標人的最終得分，從高到低進行匯總登記；最后確定得分前三名的為中標候選人。見圖 3-3-1 所示。

五、評標結果（按評分高低排序）

（1）
（2）
（3）
（4）

六、推薦（施工或監理）中標候選人

第一名：
第二名：
第三名：

圖 3-3-1　評標報告（節選）

(三) 發布中標通知書、中標人與招標人簽訂合同

經過定標環節，招標人收到評標委員會的評標報告，在推薦的中標候選人中選擇

一個作為最終的中標人。至此，本次招標的中標人已經確定。接下來的工作就是發布本次招標的結果，通知中標人其投標已經被接受，向中標人發出授標意向書；通知所有未中標的投標人，並向他們退還投標保函等。

中標人在收到中標通知書后，根據中標通知書規定的時間、地點與招標人簽訂合同，遞交履約保函。簽訂完合同，招標人應支付招標代理機構服務費用。

在填寫《中標公告》（見圖 3-3-2）、《中標通知》（見圖 3-3-3）、《合同書》時，以招標公告、招標文件、投標文件為準，內容一定要保持一致。

中標公告

採購人（公章）：招標單位簽字蓋章
地址：公司地址聯繫方式：
採購代理機構（公章）：招標代理機構
地址：聯繫方式：
招標項目名稱、用途、數量、簡要技術要求及合同履行日期：
內容應與招標文件一致，
  定標日期：　年　月　日
  招標文件編號：與招標文件中一致
  本項目招標公告日期：　年　月　日
  中標供應商品名稱：
  中標供應商地址：
  中標金額：中標價
  本項目聯繫人：聯繫電話

圖 3-3-2　中標公告

中標公告

項目編號：與招標文件一致
中標單位名稱公司：
招商代理機構主辦項目名稱項目評標工作已結束，根據有關規定，確定你單位為✓中標人。請你方派代表於年月日(時間間隔不得多於30天)前至XX地點與我方洽談合同。
你方中標條件如下：
中標範圍和內容：項目範圍

中標價：
中標工程：若是採購項目，則是交貨期
中標質量：
中標項目經理名稱：
資質等級：
證書編號：

招標人：(公章)
法定代表人：(簽名或蓋章)
　年　月　日

圖 3-3-3　中標通知

附表 1

招標文件

項目名稱：　智能手機採購招標項目
採　購　人：　中信招標代理有限責任公司

2013 年 12 月

第一章　投標邀請

　　　智能手機採購招標項目　　項目進行國內內部招標，現歡迎國內具備資質的生產企業以密封標書的方式前來投標。

1. 招標編號：　ZX001　
2. 採購方式：公開招標
3. 招標項目、數量：（詳見第二章採購項目內容及要求）
4. 資金性質：　企業自有　
5. 投標人資質要求：
5.1　具有獨立承擔民事責任的能力；
5.2　具有良好的商業信譽和健全的財務會計制度；
5.3　具有履行合同所必需的設備和專業技術能力；
5.4　有依法繳納稅收和社會保障資金的良好記錄；
5.5　參加政府採購活動前三年內，在經營活動中沒有重大違法記錄；
5.6　具有良好的履約和售後服務能力，並配有較強的技術隊伍，提供快速的售後服務。
6. 投標截止時間：　2013　年　1　月　4　日　15　時　00　分，逾期收到的或不符合規定的投標文件將被拒絕。
7. 評標時間：　2013　年　1　月　5　日　（具體時間另行通知）。
8. 投標文件遞交地點：　××省××市××區××路××號　
9. 投標人對本次招標活動事項提出疑問的，請在投標截止時間 1 日之前，以信函或傳真的形式與招投標中心聯繫。
10. 採購單位聯繫人：中信招標代理有限責任公司
　　地　　址：　××省××市××區××路××號　

　　中信招標代理有限責任公司企業　
　　　　　　　　　　　　　　　　　　　　　2012　年　12　月

第二章　採購項目內容和要求

一、項目所在地
　××省××市××區××路××號　（交貨地點）
二、技術要求
手機類型：智能手機。
網路制式：支持 TD-SCDMA，支持 GPRS/EDGE/HSDPA。

攝像頭：800萬像素。

體積重量：137×69×9.9mm，158g。

操作系統 Android OS 4.2。

支持藍牙，具有 WIFI 功能。

技術文件：

提供產品技術指標和使用、維護所需的全部技術資料及說明書。

操作手冊 1 份。

技術服務：

1. 產品服務。

第一，保修期至少一年以上，非使用者人為損壞，三個月內包退。

第二，免費送貨上門，免費安裝、調制系統。

2. 回應時間。

簽訂合同，一週以內需回應，具體日期，雙方可協商。

訂貨數量 2000 臺

三、驗收標準和驗收方法：

6.1 驗收標準：產品按照生產廠家的產品驗收標準（投標人投標時提供）、招標文件、國家標準及合同的相關條款。

6.2 驗收方法：

6.2.1 到貨驗收：交貨時，中標人須提供產品功能清單，由採購人與中標人共同驗收。

6.2.2 最終驗收：安裝、調試結束後，由中標人負責並會同採購人及有關管理部門按規定標準驗收。最終驗收所發生的一切費用由中標人承擔。

四、交貨要求：

合同簽訂後 3 個月內將貨物送達到買方指定地點。

五、付款方式：

90%安裝完成支付，10%驗收合格後 7 日內付清。

六、履約保證金、質量保證金：

6.1 履約保證金

簽訂合同前，供貨人應向採購人提交中標總金額的 5%作為履約保證金。

6.2 質量保證金

合同簽訂後，供貨人將簽訂合同前提交的履約保證金轉為貨物的質量保證金，該保證金自貨物驗收合格之日起質保期滿後，若無發現質量問題則無息退還。

七、注意事項：

1. 投標人應遵守國家有關法律、規章，不得提供虛假資料，不得串通報價；中標人產生後，不得拒絕簽訂《採購合同》。

2. 中標人應認真履行《採購合同》，做好售後服務工作，否則採購管理部門將按有關規定進行處罰。

3. 投標文件一旦遞交，概不退還。

4. 本次招標不單獨提供招標貨物使用地的自然環境、氣候條件、公用設施等情況，投標人被視為熟悉上述與履行合同有關的一切情況。

第三章　投標人須知

項號	編列內容
1	項目名稱：　智能手機採購招標項目 採購單位名稱：　中信招標代理有限責任公司 項目內容：詳見本招標文件第二章的採購項目內容及要求 項目編號：　ZX001
2	投標人資格要求： (1) 具有獨立承擔民事責任的能力； (2) 具有良好的商業信譽和健全的財務會計制度； (3) 具有履行合同所必需的設備和專業技術能力； (4) 有依法繳納稅收和社會保障資金的良好記錄； (5) 參加政府採購活動前三年內，在經營活動中沒有重大違法記錄； (6) 具有良好的履約和售後服務能力，並配有較強的技術隊伍，提供快速的售後服務。
3	投標有效期：投標截止期結束後 60 日。 有效期不足將導致其投標文件被拒絕。
4	投標人只可投其中一包，不可同時投多個包。 投標文件遞交地址：　××省××市××區××路××號（招標代理公司地址） 投標截止時間：2013 年 1 月 4 日 15 時 00 分
5	投標文件正本壹份，副本肆份，投標保證金、投標書和投標一覽表應密封在單獨的信封或包裝內，並在封口加蓋投標人公章。其他與總報價有關的價格信息不能體現在投標文件中。
6	評標方法：打分法，分數最高的投標人中標

一、說明

1. 適用範圍

1.1　本招標文件僅適用於投標邀請中所敘述的產品及其服務的採購。

2. 定義

2.1　「採購人」系指清華大學軟件學院企業聯盟中的生產與貿易企業。

2.2　「投標人」系指已經提交或者準備提交本次投標文件的製造商或供貨商。

2.3　「貨物」系指招標文件第二章「採購項目內容」的貨物清單。

2.4　「服務」系指招標文件規定向買方提供的一切產品、工具、手冊及其他有關技術資料和材料。

3. 合格的投標人

3.1　凡有能力提供本招標文件要求貨物的，具有法人資格的製造商或境內供貨商均可能成為合格的投標人。

3.2　投標人應遵守中國的有關法律法規和規章的規定。

3.3　一個投標人只能提交一個投標文件。但如果投標人之間存在下列互為關聯關

係的情形之一的，不得同時參加本項目投標：

（1）法定代表人為同一人的兩個及兩個以上法人；

（2）母公司、直接或間接持股 50% 及以上的被投資公司；

（3）均為同一家母公司直接或間接持股 50% 及以上的被投資公司。

3.4 投標人不得與本次招標項下設計、編製技術規格和其他文件的公司或提供諮詢服務的公司包括其附屬機構有任何關聯。

3.5 投標人個數的計算：本次投標同一品牌只能由一個供應商投標。若有二個以上的供應商投標同一個品牌的，在全部滿足招標文件實質性要求前提下，以報價最低的供應商作為有效投標供應商，其他供應商的投標為無效標。

3.6 同一個法定代表人的兩個及兩個以上法人、母公司、全資子公司及其控股公司，參加同一項目投標的，以報價最低的投標人作為有效投標供應商，其他投標人的投標為無效標。

3.7 兩個或者兩個以上投標人可以組成一個投標聯合體，以一個投標人的身分投標。

以聯合體形式參加投標的，聯合體各方均應當符合《政府採購法》第二十二條規定的條件。聯合體各方中至少應當有一方符合採購單位根據採購項目的要求規定的特定條件。

聯合體各方之間應當簽訂共同投標協議，明確約定聯合體各方承擔的工作和相應的責任，並將共同投標協議連同投標文件一併提交。聯合體各方簽訂共同投標協議後，不得再以自己名義單獨在同一項目中投標，也不得組成新的聯合體參加同一項目投標。

4. 投標費用

投標人自行承擔其參加投標所涉及的一切費用。在任何情況下，採購單位均無義務或責任對投標人花費的該等費用予以補償或者賠償。

5. 投標人代表

5.1 指全權代表投標人參加投標活動並簽署投標文件的人，如果投標方代表不是法定代表人，須持有法定代表人授權書。

5.2 投標人代表只能接受一個投標人的委託參加投標。

二、招標文件

6. 招標文件的組成

6.1 招標文件用以闡明所需貨物及服務招標程序和合同主要條款的資料。招標文件由下述部分組成：

（1）投標邀請；

（2）採購項目內容及要求；

（3）投標人須知；

（4）採購合同主要條款；

（5）投標文件格式。

7. 招標文件的澄清

7.1　投標人對招標文件如有疑點，可要求澄清。要求澄清應按投標邀請中載明的地址以書面形式（包括信函、電報或傳真，下同）通知採購人。採購人將視情況確定採用適當方式予以澄清，必要時將不標明查詢來源的書面答覆發給所有投標人。

三、投標文件的編寫

8. 要求

8.1　投標人應仔細閱讀招標文件的所有內容，按照招標文件的要求提交投標文件。投標文件應對招標文件的要求做出實質性回應，並保證所提供的全部資料的真實性，否則其投標將被拒絕。

9. 投標文件語言及計量單位

9.1　投標文件應用中文書寫。投標文件中所附或所引用的原件不是中文時，應附中文譯本。各種計量單位及符號應採用國際上統一使用的公制計量單位和符號。

10. 投標貨幣單位

10.1　投標文件涉及的價格、金額可以使用人民幣或者美元貨幣為單位，外匯匯率換算以簽訂合同當天中國人民銀行授權中國外匯交易中心公布的銀行間外匯市場的賣出價為準。

11. 投標文件的組成

11.1　投標文件應包括下列部分：

11.1.1　投標書、投標一覽表和投標分項報價表。

11.1.2　貨物說明一覽表。

11.1.3　技術規格偏離表和商務條款偏離表（按招標要求逐條填報，投標人在填報時應注意；買方在技術規格中指出的技術、性能和功能的標準僅起說明作用，並沒有任何限制性，投標人在投標中可以選用替代技術、性能和功能，但這些替代要實質上優於或相當於技術規格的要求，並且使買方滿意）。

11.1.4　售后服務承諾書。

11.1.5　投標人資格聲明。

11.1.6　投標人資格證明文件（詳見下述第12條款）。

11.1.7　投標人提交的其他資料（投標產品符合招標文件規定的證明文件及投標人認為需加以說明的其他補充資料）。

11.1.8　製造廠家的授權書（如果投標人提供的產品不是投標人自己製造的，則需提供）。

11.2　上述投標文件11.1.1和11.1.2應密封在單獨的信封內，並在信封上標明「投標一覽表字樣」並在封口加蓋投標人公章，裝入投標文件正本密封袋中。

11.3　上述投標文件11.1.3-11.1.9應裝訂成冊。該部分將成為投標文件正、副本，其他與總報價有關的價格信息不能體現在投標文件中。

11.4　投標人、中標候選人或中標人不得提供虛假資料，否則將被取消投標資格、中標候選人資格或中標人資格。

12. 投標人資格證明文件

12.1　法定代表人授權委託書原件（非法定代表人為投標人代表參加投標時需提供）。

12.2　投標人代表身分證複印件。

12.3　經年檢合格的投標人《企業法人營業執照》影印件。

12.4　經年檢合格的投標人新版《稅務登記證》副本影印件。

12.5　經年審合格的投標人《組織結構代碼證》影印件。

12.6　銀行資信證明（應提供原件，也可提供銀行在開標日前三個月內開具資信證明的影印件）。

12.7　其他。

12.8　上述12.1-12.7證照影印件及其他證明材料應與其他投標文件裝訂成冊。屬影印件的應須註明「與原件一致」並加蓋投標人公章。

13. 投標報價

13.1　投標人的投標報價是指投標人根據第二章的「採購項目內容及要求」要求將產品安裝至採購單位項目現場交貨價，包括保險費、人工費、安裝調試費、稅費、售後服務以及其他應由投標人負擔的全部費用。

13.2　投標人按招標文件所附的投標書、投標一覽表和分項報價表寫明投標貨物總價和分項價格（分項報價目的是便於評標委員會評標，但在任何情況下並不限制買方以任何條款簽訂合同的權利）。

13.3　投標人只允許有一個報價，招標人不接受任何選擇的報價。投標人所投貨物必須與招標文件要求一致，否則作為廢標處理。

14. 投標貨物符合招標文件規定的證明文件

14.1　投標人應詳細闡述所採用的品牌、規格型號、主要技術參數等一切應計入投標報價以及投標人認為應該闡明的事項。

14.2　上述文件可以是文字資料和數據。

15. 投標有效期

15.1　投標有效期為投標截止之日起60天。

16. 投標文件的格式

16.1　投標人須編製由本須知第12條規定文件組成的投標文件正本一份，副本四份，正本必須用A4幅面紙張打印裝訂，副本可以用正本的完整複印件，且在每一份投標文件封面標明「正本」「副本」字樣。正本與副本如有不一致，則以正本為準。

16.2　投標文件文字除簽名及與簽名相關的日期外均應使用不能擦去的墨料或墨水打印或複印，投標文件封面須加蓋投標人公章。

16.3　投標人代表應根據採購文件的要求，在投標文件中簽名和加蓋投標人公章。

16.4　全套投標文件應無塗改和行間插字，除非這些改動是根據招標代理公司的指示進行的，或者是為改正投標人造成的必須修改的錯誤而進行的。有改動時，修改處應由簽署投標文件的投標人代表進行簽名。

16.5　未按本須知規定的格式填寫投標文件、投標文件字跡模糊不清的，其投標將被拒絕。

16.6 電報、電話、傳真形式的投標概不接受。

<h3 style="text-align:center">四、投標文件的提交</h3>

17. 投標文件的密封、標記

17.1 投標人應將投標文件正本和全部副本分別用信封密封（所有封口加貼封條，且蓋投標人公章），並標明招標編號、投標人名稱、投標貨物名稱及「正本」或「副本」字樣。

17.2 每一信封密封處應加蓋投標人公章。

18. 投標文件的遞交

18.1 所有投標文件必須按招標文件在投標邀請中規定的投標截止時間之前由投標人代表送至招標人或通過郵局投遞。

19. 遲到的投標文件

19.1 投標文件應在投標邀請中規定的截止時間前送達，遲到的投標文件為無效投標文件，將被拒絕。

20. 投標文件的修改和撤銷

20.1 投標人在投標截止時間前，可以對所提交的投標文件進行修改或者撤回，並書面通知招標單位。修改的內容和撤回通知應當按本須知要求簽署、蓋章、密封，並作為投標文件的組成部分。

20.2 投標人在投標截止期后不得修改、撤回投標文件。投標人在投標截止期后修改投標文件的，其投標被拒絕。

<h3 style="text-align:center">五、投標文件的評估和比較</h3>

21. 開標、評標時間

21.1 招標人在投標邀請中所規定的時間和地點開標，投標人代表必須參加，並對投標內容進行闡述。

21.2 開標由採購單位主持，有關方面代表參加。

22. 評標委員會

22.1 由採購單位的物質採購領導小組組成評標委員會。在開標后的適當時間裡由評標委員會對投標文件進行審查、質疑、評估和比較，並做出授予合同的建議。

23. 投標文件的初審

23.1 對所有投標人的評估，都採用相同的程序和標準。評議過程將嚴格按照招標文件的要求和條件進行。

23.2 有關投標文件的審查、澄清、評估和比較以及推薦中標候選人的一切情況都不得透露給任一投標人或與上述評標工作無關的人員。

23.3 投標人任何試圖影響評委會對投標文件的評估、比較或者推薦候選人的行為，都將導致其投標被拒絕。

23.4 評標委員會將對投標文件進行檢查，以確定投標文件是否完整、有無計算上的錯誤、是否提交了投標保證金、文件是否已正確簽署。

23.5 算術錯誤將按以下方法更正：

（1）投標文件中投標一覽表（報價表）內容與投標文件中的明細表內容不一致的，以投標一覽表（報價表）為準。

（2）投標文件的大寫金額和小寫金額不一致的，以大寫金額為準；總價金額與按單價匯總金額不一致的，以單價金額計算結果為準；單價金額小數點有明顯錯位的，應以總價為準，並修改單價；對不同文字文本投標文件的解釋發生異議的，以中文文本為準。

如果投標人不接受按上述方法對投標文件中的算術錯誤進行更正，其投標將被拒絕。

23.6 資格性檢查和符合性檢查

23.6.1 資格性檢查。依據法律法規和招標文件的規定，在對投標文件詳細評估之前，評標委員會將依據投標人提交的投標文件按投標人的資格標準對投標人進行資格審查，以確定其是否具備投標資格。如果投標人提供的資格證明文件不完整或者存在缺陷，其投標將被以無效標處理。

23.6.2 符合性檢查。依據招標文件的規定，評標委員會還將從投標文件的有效性、完整性和對招標文件的回應程度進行審查，以確定是否符合對招標文件的實質性要求做出回應。實質性偏離是指：①實質性影響合同的範圍、質量和履行；②實質性違背招標文件，限制了採購單位的權利和中標人合同項下的義務；③不公正地影響了其他做出實質性回應的投標人的競爭地位。對沒有實質性回應的投標文件將不進行評估，其投標將被拒絕。凡有下列情況之一者，投標文件也將被視為未實質性回應招標文件要求：

（1）投標文件未按照本須知第17條的規定進行密封、標記的；

（2）未按規定由投標人的法定代表人或投標人代表簽字，或未加蓋投標人公章的；或簽字人未經法定代表人有效授權委託的；

（3）投標有效期不滿足招標文件要求的；

（4）投標內容與招標內容及要求有重大偏離或保留的；

（5）投標人提交的是可選擇的報價，未說明哪一個有效的；

（6）一個投標人不止投一個標；

（7）投標文件組成不符合招標文件要求的；

（8）投標文件中提供虛假或失實資料的；

（9）不符合招標文件中規定的其他實質性條款。

評標委員會決定投標的回應性只根據投標文件本身的內容，而不尋求其他的外部證據。

24. 投標文件的澄清

24.1 對投標文件中含義不明確、同類問題表述不一致或者有明顯文字和計算錯誤的內容，評標委員會可以書面形式要求投標人做出必要的澄清、說明或者糾正。投標人的澄清、說明或者糾正應當在評標委員會規定的時間內以書面形式做出，由其法定代表人或者投標人代表簽字，並不得超出投標文件的範圍或者改變投標文件的實質

性內容。

25. 比較與評價

25.1 評標委員會將按計分法，對資格性檢查和符合性檢查合格的投標文件進行商務和技術評估，綜合比較與評價。

25.2 對漏（缺）報項的處理：招標文件中要求列入報價的費用（含配置、功能），漏（缺）報的視同已含在投標總價中。但在評標時取有效投標人該項最高報價加入評標價進行評標。對多報項及贈送的價格評標時不予核減，全部進入評標價評議。

25.3 若投標人的報價明顯低於其他報價，使得其投標報價可能低於其個別成本的，有可能影響商品質量或不能誠信履約的，投標人應按評標委員會要求做出書面說明並提供相關證明材料，不能合理說明或不能提供相關證明材料的，可做無效投標處理。

25.4 在評標期間，若出現符合本須知規定的所有投標條件的投標人不足兩家情形的，本次招標程序終止。除採購任務取消情形外，招標採購單位將依法重新組織招標或者採取其他方式採購。

六、定標與授予合同

26. 定標準則

26.1 最低投標價不作為中標的保證。

26.2 投標人的投標文件符合招標文件要求，按招標文件確定評標標準、方法，經評委評審並推薦中標候選人。

26.3 評委根據以下的評分辦法評審出中標人，即評審的分值由價格分、商務分、技術分構成，評委根據投標人的綜合分值做出判斷和表決。

26.4 廢標界定：

出現下列情況之一者，作為廢標處理：

26.4.1 影響採購公正的違法、違規行為的；

26.4.2 投標人的報價均超過了採購預算，採購單位不能支付的；

26.4.3 重大變故，採購任務取消的。

26.5 評標總分為 100 分。評標細則如下：

序號	評審項	說明	各項滿分
1	技術參數	招標文件規定的技術參數是基本參數，根據技術參數的高低進行打分	30
2	報價	根據報價與標底的偏離大小打分，偏離大的，得分低	50
3	產品服務	保修期、修理方式、送貨方式等	10
4	企業綜合實力	技術人員、管理人員的學歷、職稱；企業資質；財務狀況；近三年的業績	10
5			
6			

27. 中標通知

27.1 評標結束后,評標結果經採購人確認後,通知中標方。

28. 簽訂合同

28.1 採購人在《中標通知》發出之日起1日內,根據招標文件確定的事項和中標供應商的投標文件,採購人提供《合同》文本。所提供的合同不得對招標文件和中標供應商投標文件做實質性修改。

28.2 招標文件、招標文件的修改文件、中標供應商的投標文件、補充或修改的文件及澄清或承諾文件等,均為《合同》的組成部分,並與《合同》一併作為本招標文件所列採購項目的互補性法律文件,與《合同》具有同等法律效力。

28.3 採購人在合同履行中,需追加與合同標的相同的貨物或者服務的,在不改變合同其他條款的前提下,可與供應商協商簽訂補充合同。

28.4 中標供應商因不可抗力或者自身原因不能履行政府採購合同的,採購人可以與排位在中標供應商之後第一位的中標候選供應商簽訂政府採購合同,以此類推。

29. 招標監督部門

29.1 採購人的監督部門可視情況依法派員對本招標活動的全程進行監督。

附件2　投標文件的編製

採購項目投標文件

項目名稱：　智能手機採購招標項目
招標編號：　ZX001
投標包號：　001

投標人名稱：　某手機製造企業　（蓋公章）
日　　期：　2013.1.3　（投標截止日期之前）

投標書

致：招投標中心

根據貴方為　智能手機　項目招標採購貨物及服務的投標邀請　編號　，簽字代表　張三　經正式授權並代表投標人　某企業製造企業　提交下述文件正本一份及副本　4　份：

1. 投標一覽表
2. 投標分項報價表
3. 貨物說明一覽表
4. 技術規格偏離表
5. 商務條款偏離表
6. 資格證明文件
7. 遵守國家有關法律、法規和規章，按招標文件中投標人須知和技術規格要求提供的有關文件
8. 以　現金/銀行保函　形式出具的投標保證金，金額為人民幣（4萬元整）。（投標報價的2%）

據此，簽字代表宣布同意如下：

（1）附投標價格表中規定的應提交和交付的貨物投標總價為人民幣　（2,000,000.000元整）　。

（2）投標人將按招標文件的規定履行合同責任和義務。

（3）投標人已詳細審查全部招標文件，包括　招標文件中若有就填寫，沒有就不填寫　。我們完全理解並同意放棄對這方面有不明及誤解的權力。

（4）本投標有效期為自開標日起　60　個工作日。

（5）在規定的開標時間后，投標人保證遵守招標文件中有關保證金的規定。

（6）根據投標人須知第1條的規定，我方承諾，與貴方聘請的為此項目提供諮詢服務的公司及任何附屬機構均無關聯，我方不是貴方的附屬機構。

（7）投標人同意提供按照貴方可能要求的與其投標有關的一切數據或資料，完全理解貴方不一定接受最低價的投標或收到的任何投標。

9. 與本投標有關的一切正式往來信函請寄：

地址：　投標企業的地址

傳真　××

電話　××　電子函件　××

投標人授權代表簽字　張三

投標人名稱（全稱）　某手機製造企業

投標人開戶銀行（全稱）　投標企業的開戶行，例如：中國工商銀行

投標人銀行帳號　開戶行的帳號

投標人公章　公司名稱加蓋公司章

日期　2013 年 1 月 3 日

投標一覽表

投標人名稱：　某手機製造企業　　招標編號：　ZX001　　貨幣單位：元

包號	貨物名稱	數量	報價	交貨期
ZZ005	××智能手機	2,000	2,000,000	合同生效期，一週以內交貨
投標總價（小、大寫金額均表示）				

註：1. 此表與投標書、分項報價表一同裝在一單獨的信封內密封。
　　2. 詳細報價清單應另紙詳列，且標明所報各種貨物的數量、品牌和金額。
　　3. 當一個合同包有多個品目號時，投標人應計算出該合同包的合計價。

　　　　　　　　　　　　　　　投標人代表簽字：　張三　
　　　　　　　　　　　　　　　投標人（蓋章）：　某手機製造企業　
　　　　　　　　　　　　　　　日　　期：　2013.1.3　

投標分項報價表

投標人名稱：　某手機製造企業　　招標編號：　ZX001　　包號：　第 1 包　　報價單位：　人民幣元　

序號	名稱	型號和規格	數量	原產地和製造商名稱	單價	總價	備註
1	某手機製造企業	手機類型：智能手機。網路制式：支持 TD-SCDMA，GPRS/EDGE/HSDPA。攝像頭：800 萬像素。體積重量：137×69×9.9mm，158g。操作系統 Android OS 4.2。支持藍牙，具有 WIFI 功能。	2,000	××省××市某手機製造企業	1,000	2,000,000	
	總價：						

註：1. 如果按單價計算的結果與總價不一致，以單價為準修正總價。
　　2. 如果不提供詳細分項報價將視為沒有實質性回應招標文件。
　　3. 上述各項的詳細分項報價，應另頁描述。

　　　　　　　　　　　　　　　投標人授權代表簽字：張三　
　　　　　　　　　　　　　　　投標人（蓋章）：　某手機製造企業

貨物說明一覽表

(按投標貨物合同包下品目號類別分別填寫)

投標人名稱：　某手機製造企業　　招標編號：　ZX001　　包號：01

合同包號	01	貨物名稱	某智能手機	型號規格	智能手機；支持 TD-SC-DMA、GPRS/EDGE/HSDPA；137×69×9.9mm，158g	數量	1,000
基本參數		曝光日期：2013 年 手機類型：3G 手機，智能手機 營運商定制：中國移動					
屏幕		觸摸屏類型：電容屏，多點觸控 主屏尺寸：5 英吋 主屏材質：TFT 主屏分辨率：1,280×720 像素 屏幕像素密度：294ppi 屏幕技術：OGS 全貼合技術					
網路		網路類型：雙卡雙模 網路模式：移動 3G（TD-SCDMA）、聯通 2G/移動 2G（GSM） 支持頻段：2G：GSM 900/1800/1900 3G：TD-SCDMA 1880-1920/2010-2025MHz WLAN 功能：WIFI，IEEE 802.11 n/b/g 導航：GPS 導航，電子羅盤 連接與共享：藍牙					
硬件		操作系統：Android OS 6.2 用戶界面：Emotion UI 2.0 核心數：四核 CPU 型號：聯發科 MT6582 CPU 頻率：1331MHz GPU 型號：Mali-400 MP RAM 容量：1GB ROM 容量：4GB 存儲卡：MicroSD 卡 擴展容量：32GB 電池類型：可拆卸式電池 電池容量：2300mAh 理論通話時間：180 分鐘 理論待機時間：150 小時（雙卡），300 小時（單卡）					
攝像頭		攝像頭：內置 攝像頭類型：雙攝像頭（前後） 后置攝像頭像素：800 萬像素 前置攝像頭像素：500 萬像素 傳感器類型：背照式/BSI CMOS（二代） 閃光燈：LED 補光燈 光圈：f/2.0 視頻拍攝：支持 拍照功能：曝光補償、感光度（ISO3200）、白平衡、HDR、全景模式、數碼變焦、自動對焦					
外觀		造型設計：直板 機身顏色：白色，灰色 手機尺寸：137×69×9.9mm， 手機重量：158g 機身材質：金屬框架 機身特點：航天鎂鋁合金材料機身 操作類型：觸控按鍵 感應器類型：重力感應器、光線傳感器、距離傳感器、加速傳感器 SIM 卡類型：Micro SIM 卡 機身接口：3.5mm 耳機接口，Micro USB v2.0 數據接口					

續上表

合同包號	01	貨物名稱	某智能手機	型號規格	智能手機；支持 TD-SC-DMA、GPRS/EDGE/HS-DPA；137 × 69 × 9.9mm，158g	數量	1,000
服務與支持			音頻支持：支持 MP3/MIDI/AMR-NB/AAC/AAC+/eAAC+/WAV 等格式 視頻支持：支持 3GP/MP4/MPEG-4/H.264/H.263 等格式 圖片支持：支持 JPEG 等格式 常用功能：計算器、電子辭典、備忘錄、電子書、鬧鐘、日曆、錄音機、情景模式、主題模式 商務功能：飛行模式、語音助手、病毒查殺 其他功能參數：手機 QQ、天氣、新浪微博、指路精靈				
手機附件			包裝清單：主機×1 鋰電池×1 數據線×1 充電器×1 說明書×1 保修卡×1				
保修信息			保修政策：全國聯保，享受三包服務 質保時間：1.5 年 質保備註：主機 1 年、電池 6 個月、充電器 1 年 客服電話：400-830-8300；400-690-2116；800-830-8300 電話備註：8:00-20:00 詳細內容：自購機日起（以購機發票為準），如因質量問題或故障，憑廠商維修中心或特約維修點的質量檢測證明，享受 7 日內退貨，15 日內換貨，15 日以上在質保期內享受免費保修等三包服務！註：單獨購買手機配件產品的用戶，請完好保存配件外包裝以及發票原件，如無法提供上述憑證的，將無法進行正常的配件保修或更換。				

投標人代表簽字：__張三__

投標人（蓋章）：__某手機製造企業__

日期：__2013.1.3__

技術規格偏離表

投標人名稱：__某手機製造企業__　　招標編號：__ZX001__　　包號：__第 1 包__

序號	貨物名稱	招標規格	投標規格	偏離	說明
1	某智能手機	操作系統：Android OS 4.2	操作系統：Android OS 6.2 雙卡雙待	正偏離	本投標文件提供的產品除了能滿足招標人的要求外，還增加了輔助的功能
2	某智能手機	單卡			
3	某智能手機	后置攝像頭：800 萬像素	后置攝像頭：800 萬像素；前置攝像頭：500 萬像素		

投標人授權代表簽字：__張三__

投標人（蓋章）：__某手機製造企業__

商務條款偏離表

投標人名稱：　某手機製造企業　　招標編號：　ZX001　　包號：　第 1 包

序號	貨物名稱	招標文件的商務條款	投標文件的商務條款	偏離	說明
1	某智能手機	保修期：一年以上	保修期：1.5年	正偏離	

投標人授權代表簽字：　張三

投標人（蓋章）：　某手機製造企業

技術服務及售后服務承諾

1. 本附件內容由各投標人進行填寫，應至少包括招標文件要求的技術服務內容的回應文件，詳細描述對本次招標項目的技術服務及售後服務承諾。

2. 公司應蓋章，投標人代表應簽字，並註明日期。

保修政策：全國聯保，享受三包服務

質保時間：1.5年

質保備註：主機1年、電池6個月、充電器1年

客服電話：400-830-8300；400-690-2116；800-830-8300

電話備註：8：00-20：00

詳細內容：自購機日起（以購機發票為準），如因質量問題或故障，憑廠商維修中心或特約維修點的質量檢測證明，享受7日內退貨，15日內換貨，15日以上在質保期內享受免費保修等三包服務！註：單獨購買手機配件產品的用戶，請完好保存配件外包裝以及發票原件，如無法提供上述憑證的，將無法進行正常的配件保修或更換。

　　　　　　　　　　　　投標人代表簽字：__張三__
　　　　　　　　　　　　投標人（蓋公章）：__某手機製造企業__
　　　　　　　　　　　　日　　期：__2013.1.3__

投標人的資格證明文件

　　　　　　　　　　關於資格的聲明函
__中信招標代理有限責任公司__：
　　關於貴方__2013__年月日第__ZX001__（招標編號）投標邀請，本簽字人願意參加投標，提供招標文件「招標貨物及要求」中規定的（包號）__01　某智能手機__（貨物名稱），並證明提交的下列文件和說明是準確的和真實的。

　　1. 本簽字人確認資格文件中的說明以及投標文件中所有提交的文件和材料是真實的、準確的。
　　2. 我方的資格聲明正本壹份，副本肆份，隨投標文件一同遞交。

　　　　　　　　　　　　投標人（蓋公章）：__張三__
　　　　　　　　　　　　投標人代表簽字：__某手機製造企業__
　　　　　　　　　　　　地　　址：__××省××市××區××路××號__
　　　　　　　　　　　　郵政編碼：__××__
　　　　　　　　　　　　電話/傳真：__××__

投標人的資格聲明

　　1. 投標人概況：
　　A. 投標人名稱　__某手機製造企業__
　　B. 註冊地址：__××省××市××區××路××號__（與營業執照地址一致）
　　傳真：__××__　電話：__××__　郵編：__××__
　　C. 成立或註冊日期：__2001.3.10__
　　D. 法定代表人：__李四、董事長__（姓名、職務）
　　實收資本：__20,000,000__

其中 國家資本：__0__ 法人資本：__15,000,000__

個人資本：__5,000,000__ 外商資本：__0__

E. 最近資產負債表（到__2013__年__1__月__3__日為止）。

（1）固定資產合計：__40,000,000__

（2）流動資產合計：__5,000,000__

（3）長期負債合計：__5,000,000__

（4）流動負債合計：__20,000,000__

F. 最近損失表（到__2013__年__1__月__3__日為止）。

（1）本年（期）利潤總額累計：__18,000,000__

（2）本年（期）淨利潤累計：__10,000,000__

2. 我方在此聲明，我方具備並滿足下列各項條款的規定。本聲明如有虛假或不實之處，我方將失去合格投標人資格且我方的投標保證金將不予退還。

（1）具有獨立承擔民事責任的能力；

（2）具有良好的商業信譽和健全的財務會計制度；

（3）具有履行合同所必需的設備和專業技術能力；

（4）有依法繳納稅收和社會保障資金的良好記錄；

（5）參加政府採購活動前三年內，在經營活動中沒有重大違法記錄；

（6）具有良好的履約和售後服務能力，並配有較強的技術隊伍，提供快速的售後服務。

3. 最近三年投標貨物在國內主要用戶的名稱和地址：

用戶名稱和地址	銷售貨物名稱、規格	數量	交貨日期	運行狀況
國美手機大賣場（成都）	M6, 139.5×71.4×9.2	500	2012.3.6	良好
中關村（北京）	M5, 140×71.4×10.2	1,000	2011.11.8	良好

4. 法定代表人營業執照、稅務登記證以及招標文件要求需要提供的資格性證件。

就我方全部所知，茲證明上述聲明是真實、正確的，並已提供了全部現有資料和數據，我方同意根據貴方要求出示文件予以證實。

　　　　　　　　　投標人代表簽字：　張三　
　　　　　　　　　投標人（蓋公章）：　某手機製造企業　
　　　　　　　　　日　　期：　2013　年　1　月　3　日
　　　　　　　　　電　　傳：　××　
　　　　　　　　　傳　　真：　××　
　　　　　　　　　電　　話：　××　

法定代表人授權書

中信招標代理有限責任公司：

　　　（投標人全稱）　法定代表人　李四　授權　張三（投標人代表姓名）　為投標人代表，代表本公司參加貴司組織的　智能手機採購招標　項目（招標編號　ZX001　）招標活動，全權代表本公司處理投標過程的一切事宜，包括但不限於：投標、參與開標、談判、簽約等。投標人代表在投標過程中所簽署的一切文件和處理與之有關的一切事務，本公司均予以認可並對此承擔責任。投標人代表無轉委權。特此授權。

　　本授權書自出具之日起生效。

　　投標人代表：　張三　性　別：　男　身分證號：　×××　
　　單　位：　某手機製造企業　部　門：　市場部　職　務：　部長　
　　詳細通信地址：　××　郵政編碼：　××　電　話：　××　

　　附：被授權人身分證件

　　　　　　　　　　　　　　　　　　　　　　　授權方
　　　　　　　　　投標人（全稱並加蓋公章）：某手機製造企業
　　　　　　　　　法定代表人簽字：　李四　
　　　　　　　　　日　　期：　2013．1．3　
　　　　　　　　　　　　接受授權方
　　　　　　　　　投標人代表簽字：　張三　
　　　　　　　　　日　　期：　2013．1．3

法人營業執照、稅務登記證、組織機構代碼證

中信招標代理有限責任公司：

現附上由　__工商行政管理部門__　（簽發機關名稱）簽發的我方法人營業執照副本複印件，該執照業經年檢，真實有效。

現附上由　__稅務局__　（簽發機關名稱）簽發的我方新版稅務登記證副本複印件，該證件已經年檢，真實有效。

現附上由技術監督局（簽發機關名稱）簽發的我方組織結構代碼證複印件，該證件已經年檢，真實有效。

（註：法人營業執照、稅務登記證、組織結構代碼證提供複印件，需複印包括能說明經年檢合格的內容，由企業加蓋公章並註明複印件與原件一致。）

投標人代表簽字：　__張三__

投標人（蓋公章）：　__某手機製造企業__

日　　期：　__2013.1.3__

投標人提交的其他資料

投標人根據招標文件需要提交（除資格證明文件）以及認為應提交的其他材料，在此附件中提交。

1. 根據評標細則，須提交的證明文件；
2. 認為應提交的其他材料。

　　　　　　　　　　投標人代表簽字：　張三

　　　　　　　　　　投標人（蓋章）：　某手機製造企業

　　　　　　　　　　日　　期：　2013.1.3

註：
此文件作為投標文件的一部分，如有複印件，應加蓋投標人公章，否則將予以廢標處理。

製造商出具的授權函（使用於貿易企業進行投標）

　　致：　中信招標代理有限責任公司

　　我方　某手機製造企業　（製造商名稱）位於（製造商地址）。茲授權　某某貿易公司　（投標人名稱、地址）作為我方合法的代理人進行下列有效的活動：

　1. 用我方製造的　某手機　（貨物名稱）參加貴方組織的　智能手機採購、ZX001　（招標項目、招標編號）進行投標。

　2. 我方在此保證為上述投標人應本次招標而提供的貨物提供質量保證和售後服務等。

　　我方於 2012 年 12 月 26 日簽署本文件，　某某貿易公司　（投標人名稱）於 2012 年 12 月 27 日接受此件，以此為證。

　　　　　　　　　　投標人名稱：　某某貿易公司
　　　　　　　　　　製造商名稱（公章）：　某手機製造企業
　　　　　　　　　　日　　期：　2012.12.26

註：投標人與製造商的有效經銷（代理）協議，可替代本授權函。

第四篇 會計基礎

第一章　科目匯總表帳務處理程序

【學習目的】

通過對科目匯總表帳務處理程序的編製方法的介紹，讓同學們對會計帳務處理的流程有基本的認識，以明確會計人員的工作內容。

一、科目匯總表帳務處理程序的概念和特點

科目匯總表帳務處理程序是根據記帳憑證定期編製科目匯總表，再根據科目匯總表登記總分類帳的一種帳務處理程序。其特點是定期地將所有記帳憑證匯總編製成科目匯總表，然後再根據科目匯總表登記總分類帳。

在科目匯總表帳務處理程序下，記帳憑證可以採用一種通用記帳憑證，也可以分設收款憑證、付款憑證和轉帳憑證三種格式；會計帳簿一般設置現金日記帳、銀行存款日記帳、明細分類帳和總分類帳，其中現金日記帳、銀行存款日記帳和總分類帳一般採用「借」「貸」「余」的三欄式，明細分類帳根據本單位經營管理的實際需要採用三欄式、多欄式和數量金額式。

二、科目匯總表帳務處理程序的流程

在科目匯總表帳務處理程序下，帳務處理一般按下列步驟進行：
（1）根據原始憑證或匯總原始憑證編製記帳憑證。
（2）根據收款憑證、付款憑證逐筆登記現金日記帳和銀行存款日記帳。
（3）根據原始憑證、匯總原始憑證和記帳憑證登記各種明細分類帳。
（4）根據各種記帳憑證編製科目匯總表。
（5）根據科目匯總表登記總分類帳。
（6）期末，現金日記帳、銀行存款日記帳和明細分類帳的余額同有關總分類帳的余額核對相符。
（7）期末，根據總分類帳和明細分類帳的記錄，編製會計報表。

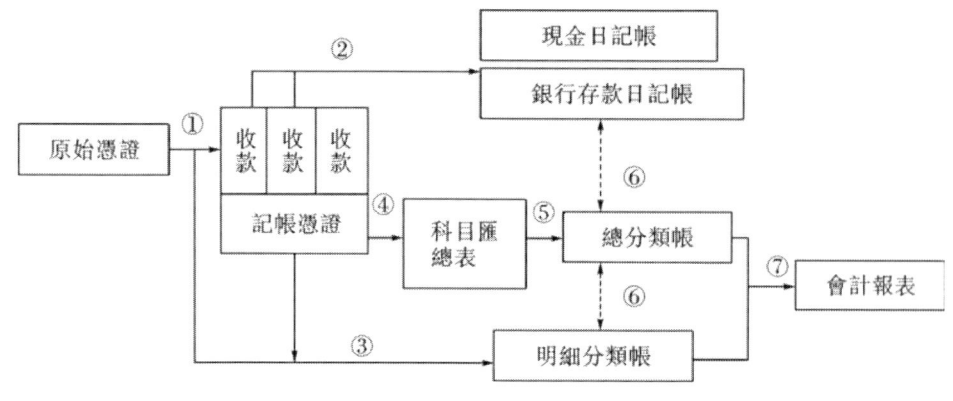

圖 4-1-1 科目匯總表帳務處理程序

三、科目匯總表帳務處理程序舉例

【例 4-1-1】假設萬華科技有限公司採用科目匯總表核算形式進行會計核算，該公司 20×3 年 12 月份有關帳戶的期初余額如表 4-1-1 所示。

表 4-1-1　　　　　　　萬華科技有限公司 20×3 年 12 月份期初余額　　　　　　單位：元

帳戶余額	借方余額	帳戶名稱	貸方余額
庫存現金	30,000	短期借款	600,000
銀行存款	300,000	應付帳款	444,000
應收帳款	450,000	應付職工薪酬	90,000
原材料	225,000	應交稅費	26,000
庫存商品	200,000	實收資本	1,300,000
固定資產	1,500,000	資本公積	100,000
累計折舊	-50,000	盈余公積	20,000
		利潤分配	75,000
合計	2,655,000	合計	2,655,000

有關明細分類帳帳戶余額如下：

應收帳款——中興公司 250,000

　　　　——達利公司 200,000

原材料——甲材料（1,000 千克，@140 元）

　　　——乙材料（500 千克，@170 元）

庫存商品——A 產品（50 臺，@4,000 元）

應付帳款——遠望公司 280,000

　　　　——旭生公司 164,000

萬華科技有限公司 20×3 年 12 月份發生的經濟業務如下：

（1）12月1日，以現金支付廣告費4,000元。

（2）12月4日，從遠望公司購入甲材料200千克，單價140元，增值稅稅率17%，款未付，材料已驗收入庫。

（3）12月8日，從希望公司購乙材料200千克，單價170元，增值稅稅率17%，已開出轉帳支票，材料已驗收入庫。

（4）12月9日，銷售給中興公司A產品5臺，單價9,000元，增值稅稅率17%，款尚未收。

（5）12月10日，收到銀行轉來付款通知，支付本月電費2,000元（1元/度）。經查表，生產車間用電1,600度，管理部門用電400度。

（6）12月16日，銷售給華天公司A產品8臺，單價9,000元，增值稅稅率17%，收到轉帳支票一張，款已存銀行。

（7）12月18日，收回中興公司貨款52,650元，款項直接打入公司帳戶。

（8）12月20日，開出轉帳支票償還遠望公司貨款32,760元。

（9）12月24日，車間生產A產品領用甲材料600千克，單價140元，金額為84,000元；領用乙材料300千克，單價170元，金額為51,000元。

（10）12月31日，計提本月固定資產折舊3,400元。其中，車間計提2,600元，專設銷售機構計提200元，企業行政管理部門計提600元。

（11）12月31日，分配本月工資。其中，車間生產工人工資4,000元，車間管理人員工資1,000元，銷售部門人員工資4,000元，行政管理人員工資6,000元。

（12）12月31日，按工資總額的14%計提本月福利費。

（13）12月31日，結轉本月A產品發生的製造費用。

（14）12月31日，本月投產的A產品全部完工入庫。

（15）12月31日，結轉本月已銷A產品的銷售成本。

（16）12月31日，結轉收入收益類帳戶。

（17）12月31日，結轉費用損失類帳戶（所得稅費用除外）。

（18）12月31日，計提本月應交所得稅，稅率為25%（假定無納稅調整事項）。

（19）12月31日，結轉所得稅費用。

（20）12月31日，結轉「本年利潤」。

（21）12月31日，按稅后利潤的10%計提法定盈余公積。

（22）12月31日，將「利潤分配」有關明細帳戶余額轉入「利潤分配——未分配利潤」帳戶。

（一）根據以上經濟業務編製記帳憑證

表 4-1-2　　　　　　　　　　　　　記帳憑證

20×3 年 12 月 1 日　　　　　　　　　　　　　　第 1 號

摘要	科目		借方金額	貸方金額	記帳
	總帳科目	明細科目	千 百 十 萬 千 百 十 元 角 分	千 百 十 萬 千 百 十 元 角 分	
支付廣告費	銷售費用		4 0 0 0 0 0		
	庫存現金			4 0 0 0 0 0	
	合計		￥　　　4 0 0 0 0 0	￥　　　4 0 0 0 0 0	

會計主管：　　　記帳：　　　出納：　　　復核：　　　製單：李某

表 4-1-3　　　　　　　　　　　　　記帳憑證

20×3 年 12 月 4 日　　　　　　　　　　　　　　第 2 號

摘要	科目		借方金額	貸方金額	記帳
	總帳科目	明細科目	千 百 十 萬 千 百 十 元 角 分	千 百 十 萬 千 百 十 元 角 分	
購入原材料	原材料	甲材料	2 8 0 0 0 0 0		
	應交稅費	應交增值稅	4 7 6 0 0 0		
	應付帳款	遠望公司		3 2 7 6 0 0 0	
	合計		￥　　3 2 7 6 0 0 0	￥　　3 2 7 6 0 0 0	

會計主管：　　　記帳：　　　出納：　　　復核：　　　製單：李某

表 4-1-4　　　　　　　　　　　　　記帳憑證

20×3 年 12 月 8 日　　　　　　　　　　　　　　第 3 號

摘要	科目		借方金額	貸方金額	記帳
	總帳科目	明細科目	千 百 十 萬 千 百 十 元 角 分	千 百 十 萬 千 百 十 元 角 分	
購入原材料	原材料	乙材料	3 4 0 0 0 0 0		
	應交稅費	應交增值稅	5 7 8 0 0 0		
	銀行存款			3 9 7 8 0 0 0	
	合計		￥　　3 9 7 8 0 0 0	￥　　3 9 7 8 0 0 0	

會計主管：　　　記帳：　　　出納：　　　復核：　　　製單：李某

表 4-1-5

記帳憑證
20×3 年 12 月 9 日　　　　　　　　　　　　　第 4 號

摘要	科目		借方金額	貸方金額	記帳
	總帳科目	明細科目	千百十萬千百十元角分	千百十萬千百十元角分	
銷售商品	應收帳款	中興公司	5 2 6 5 0 0 0		
	主營業務收入			4 5 0 0 0 0 0	
	應交稅費	應交增值稅		7 6 5 0 0 0	
	合計		￥ 5 2 6 5 0 0 0	￥ 5 2 6 5 0 0 0	

會計主管：　　　記帳：　　　出納：　　　復核：　　　製單：李某

表 4-1-6

記帳憑證
20×3 年 12 月 10 日　　　　　　　　　　　　第 5 號

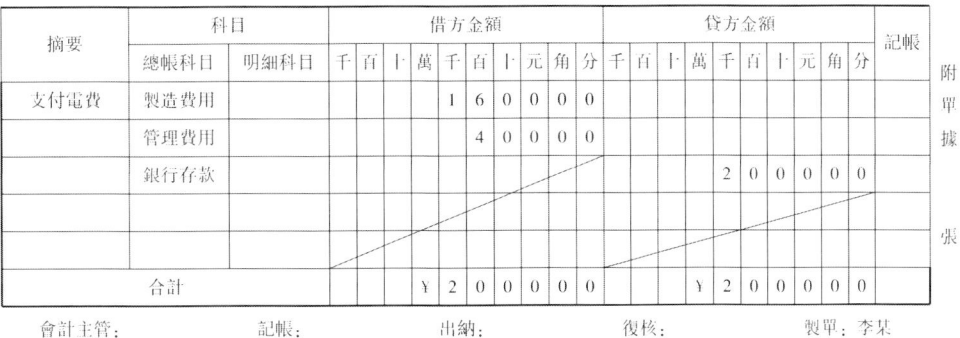

摘要	科目		借方金額	貸方金額	記帳
	總帳科目	明細科目	千百十萬千百十元角分	千百十萬千百十元角分	
支付電費	製造費用		1 6 0 0 0 0		
	管理費用		4 0 0 0 0		
	銀行存款			2 0 0 0 0 0	
	合計		￥ 　2 0 0 0 0 0	￥ 　2 0 0 0 0 0	

會計主管：　　　記帳：　　　出納：　　　復核：　　　製單：李某

表 4-1-7

記帳憑證
20×3 年 12 月 16 日　　　　　　　　　　　　第 6 號

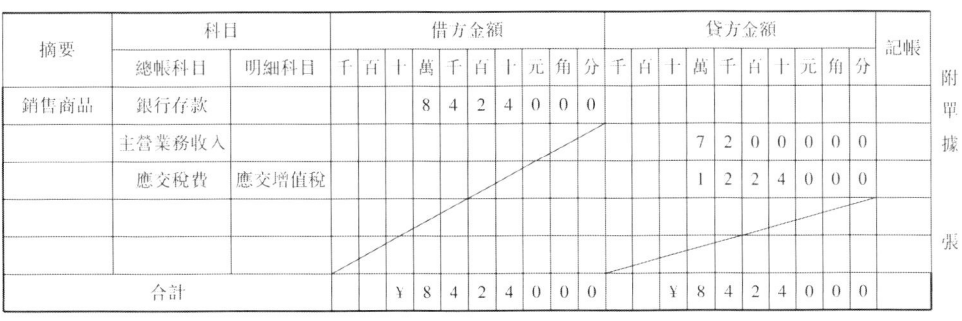

摘要	科目		借方金額	貸方金額	記帳
	總帳科目	明細科目	千百十萬千百十元角分	千百十萬千百十元角分	
銷售商品	銀行存款		8 4 2 4 0 0 0		
	主營業務收入			7 2 0 0 0 0 0	
	應交稅費	應交增值稅		1 2 2 4 0 0 0	
	合計		￥ 8 4 2 4 0 0 0	￥ 8 4 2 4 0 0 0	

會計主管：　　　記帳：　　　出納：　　　復核：　　　製單：李某

表 4-1-8   記帳憑證
                    20×3 年 12 月 18 日   第 7 號

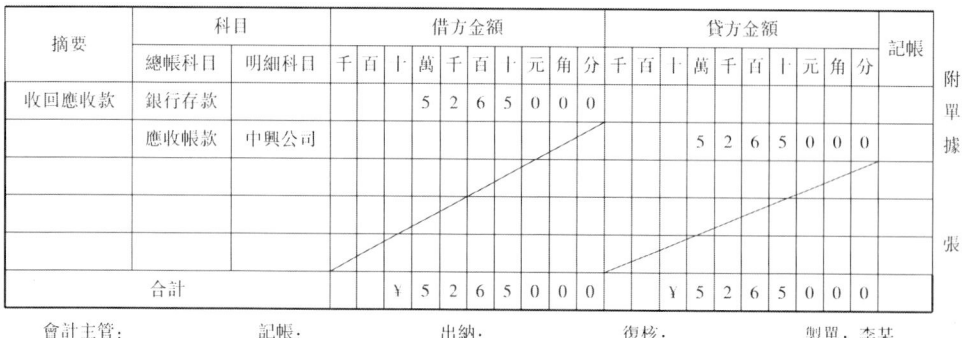

摘要	科目		借方金額	貸方金額	記帳
	總帳科目	明細科目	千 百 十 萬 千 百 十 元 角 分	千 百 十 萬 千 百 十 元 角 分	
收回應收款	銀行存款		5 2 6 5 0 0 0		附單據張
	應收帳款	中興公司		5 2 6 5 0 0 0	
	合計		¥ 5 2 6 5 0 0 0	¥ 5 2 6 5 0 0 0	

會計主管：   記帳：   出納：   復核：   製單：李某

表 4-1-9   記帳憑證
                    20×3 年 12 月 20 日   第 8 號

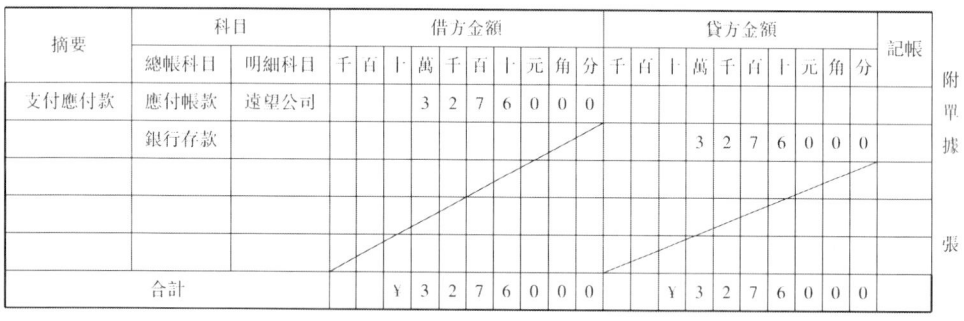

摘要	科目		借方金額	貸方金額	記帳
	總帳科目	明細科目	千 百 十 萬 千 百 十 元 角 分	千 百 十 萬 千 百 十 元 角 分	
支付應付款	應付帳款	遠望公司	3 2 7 6 0 0 0		附單據張
	銀行存款			3 2 7 6 0 0 0	
	合計		¥ 3 2 7 6 0 0 0	¥ 3 2 7 6 0 0 0	

會計主管：   記帳：   出納：   復核：   製單：李某

表 4-1-10   記帳憑證
                    20×3 年 12 月 24 日   第 9 號

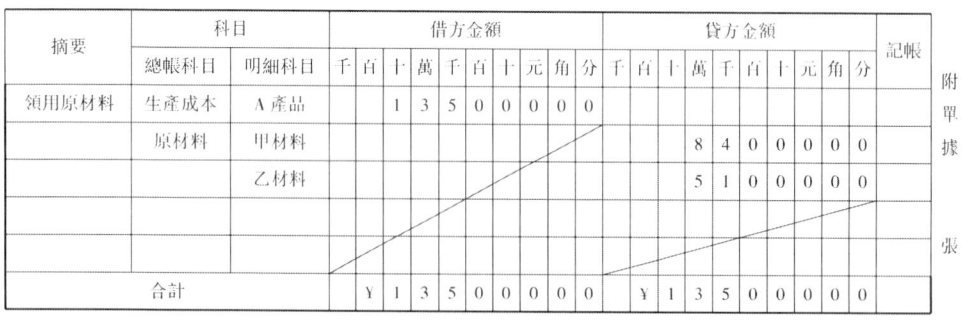

摘要	科目		借方金額	貸方金額	記帳
	總帳科目	明細科目	千 百 十 萬 千 百 十 元 角 分	千 百 十 萬 千 百 十 元 角 分	
領用原材料	生產成本	A 產品	1 3 5 0 0 0 0		附單據張
	原材料	甲材料		8 4 0 0 0 0	
		乙材料		5 1 0 0 0 0	
	合計		¥ 1 3 5 0 0 0 0	¥ 1 3 5 0 0 0 0	

會計主管：   記帳：   出納：   復核：   製單：李某

表 4-1-11

記帳憑證
20×3 年 12 月 31 日　　　　　　　　　第 10 號

摘要	科目		借方金額	貸方金額	記帳
	總帳科目	明細科目	千 百 十 萬 千 百 十 元 角 分	千 百 十 萬 千 百 十 元 角 分	
計提折舊	製造費用		2 6 0 0 0 0		
	銷售費用		2 0 0 0 0		
	管理費用		6 0 0 0 0		
	累計折舊			3 4 0 0 0 0	
	合計		￥3 4 0 0 0 0	￥3 4 0 0 0 0	

會計主管：　　　記帳：　　　出納：　　　復核：　　　製單：李某

表 4-1-12

記帳憑證
20×3 年 12 月 31 日　　　　　　　　　第 11 號

摘要	科目		借方金額	貸方金額	記帳
	總帳科目	明細科目	千 百 十 萬 千 百 十 元 角 分	千 百 十 萬 千 百 十 元 角 分	
分配工資	生產成本	A產品	4 0 0 0 0 0		
	製造費用		1 0 0 0 0 0		
	銷售費用		4 0 0 0 0		
	管理費用		6 0 0 0 0		
	應付職工薪酬			1 5 0 0 0 0 0	
	合計		￥1 5 0 0 0 0 0	￥1 5 0 0 0 0 0	

會計主管：　　　記帳：　　　出納：　　　復核：　　　製單：李某

表 4-1-13

記帳憑證
20×3 年 12 月 31 日　　　　　　　　　第 12 號

摘要	科目		借方金額	貸方金額	記帳
	總帳科目	明細科目	千 百 十 萬 千 百 十 元 角 分	千 百 十 萬 千 百 十 元 角 分	
計提福利費	生產成本	A產品	5 6 0 0 0		
	製造費用		1 4 0 0 0		
	銷售費用		5 6 0 0		
	管理費用		8 4 0 0		
	應付職工薪酬			2 1 0 0 0 0	
	合計		￥2 1 0 0 0 0	￥2 1 0 0 0 0	

會計主管：　　　記帳：　　　出納：　　　復核：　　　製單：李某

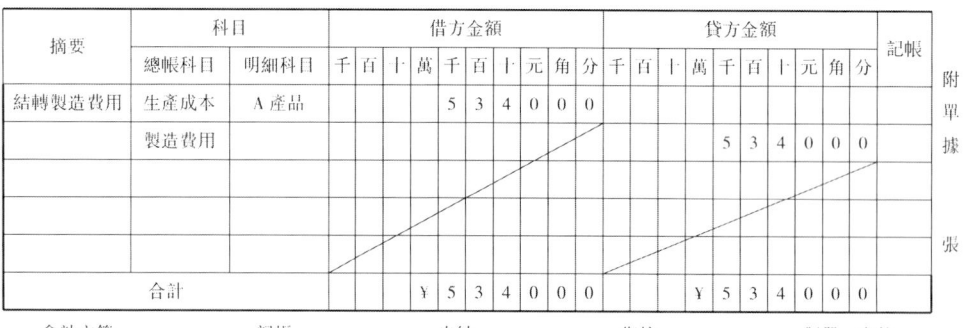

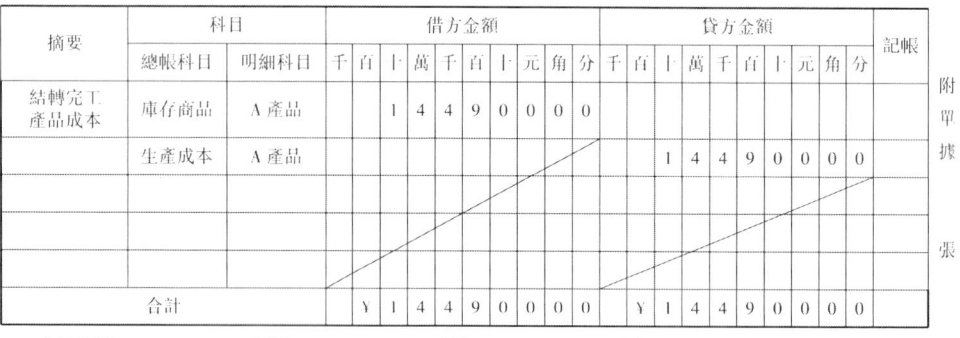

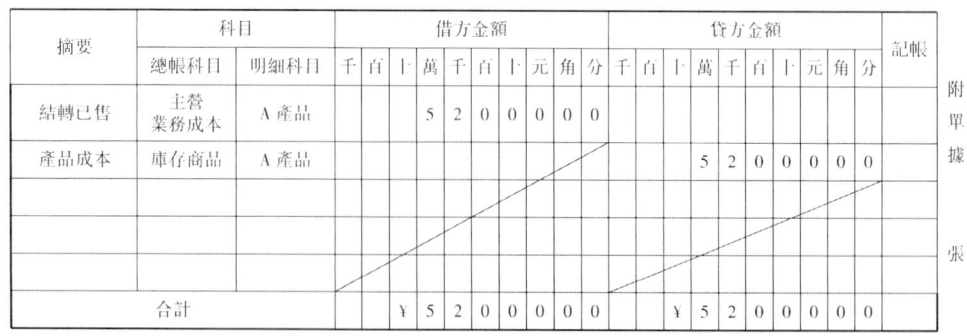

表 4-1-14　　　　　　　　　　　記帳憑證

20×3 年 12 月 31 日　　　　　　　　　　第 13 號

摘要	科目		借方金額	貸方金額	記帳
	總帳科目	明細科目	千百十萬千百十元角分	千百十萬千百十元角分	
結轉製造費用	生產成本	A產品	5 3 4 0 0 0		附單據張
	製造費用			5 3 4 0 0 0	
	合計		¥　　5 3 4 0 0 0	¥　　5 3 4 0 0 0	

會計主管：　　　　記帳：　　　　出納：　　　　復核：　　　　製單：李某

表 4-1-15　　　　　　　　　　　記帳憑證

20×3 年 12 月 31 日　　　　　　　　　　第 14 號

摘要	科目		借方金額	貸方金額	記帳
	總帳科目	明細科目	千百十萬千百十元角分	千百十萬千百十元角分	
結轉完工產品成本	庫存商品	A產品	1 4 4 9 0 0 0 0		附單據張
	生產成本	A產品		1 4 4 9 0 0 0 0	
	合計		¥ 1 4 4 9 0 0 0 0	¥ 1 4 4 9 0 0 0 0	

會計主管：　　　　記帳：　　　　出納：　　　　復核：　　　　製單：李某

表 4-1-16　　　　　　　　　　　記帳憑證

20×3 年 12 月 31 日　　　　　　　　　　第 15 號

摘要	科目		借方金額	貸方金額	記帳
	總帳科目	明細科目	千百十萬千百十元角分	千百十萬千百十元角分	
結轉已售產品成本	主營業務成本	A產品	5 2 0 0 0 0 0		附單據張
	庫存商品	A產品		5 2 0 0 0 0 0	
	合計		¥　5 2 0 0 0 0 0	¥　5 2 0 0 0 0 0	

會計主管：　　　　記帳：　　　　出納：　　　　復核：　　　　製單：李某

表 4-1-17

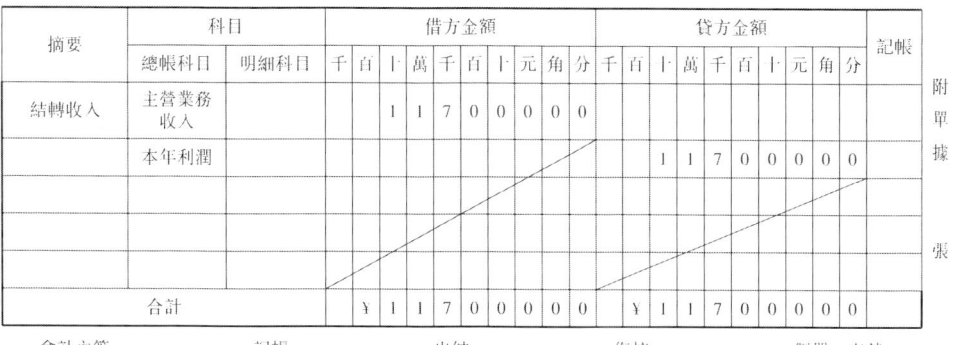

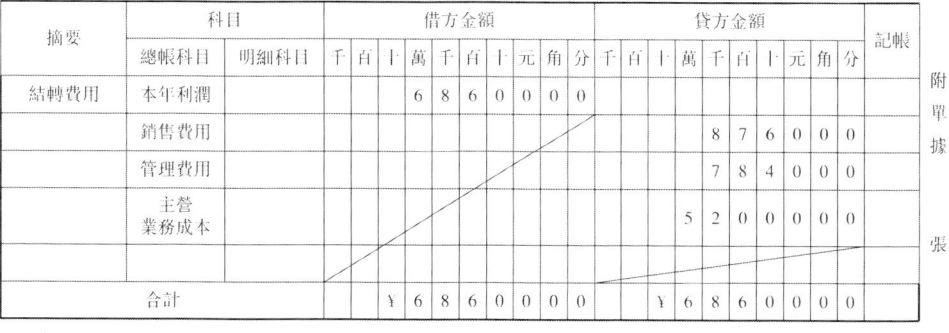

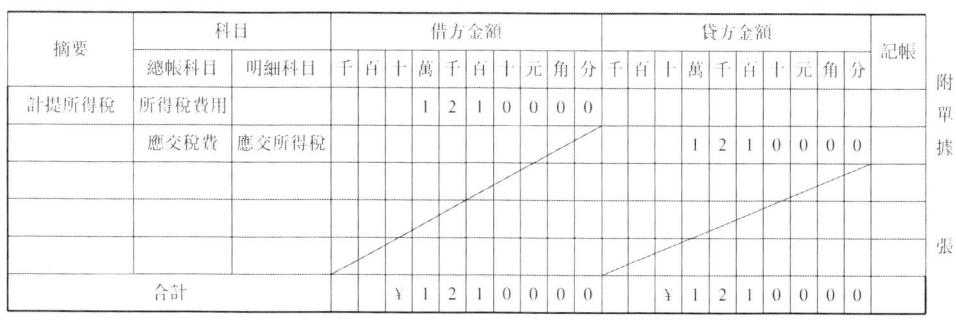

記帳憑證

20×3 年 12 月 31 日　　　　　　　第 16 號

摘要	科目		借方金額										貸方金額										記帳
	總帳科目	明細科目	千	百	十	萬	千	百	十	元	角	分	千	百	十	萬	千	百	十	元	角	分
結轉收入	主營業務收入				1	1	7	0	0	0	0	0										
	本年利潤														1	1	7	0	0	0	0	0
	合計		¥	1	1	7	0	0	0	0	0	0	¥	1	1	7	0	0	0	0	0	0

會計主管：　　　　記帳：　　　　出納：　　　　復核：　　　　製單：李某

表 4-1-18

記帳憑證

20×3 年 12 月 31 日　　　　　　　第 17 號

摘要	科目		借方金額										貸方金額										記帳
	總帳科目	明細科目	千	百	十	萬	千	百	十	元	角	分	千	百	十	萬	千	百	十	元	角	分
結轉費用	本年利潤					6	8	6	0	0	0	0										
	銷售費用															8	7	6	0	0	0	
	管理費用															7	8	4	0	0	0	
	主營業務成本															5	2	0	0	0	0	
	合計		¥			6	8	6	0	0	0	0	¥			6	8	6	0	0	0	0

會計主管：　　　　記帳：　　　　出納：　　　　復核：　　　　製單：李某

表 4-1-19

記帳憑證

20×3 年 12 月 31 日　　　　　　　第 18 號

摘要	科目		借方金額										貸方金額										記帳
	總帳科目	明細科目	千	百	十	萬	千	百	十	元	角	分	千	百	十	萬	千	百	十	元	角	分
計提所得稅	所得稅費用					1	2	1	0	0	0	0										
	應交稅費	應交所得稅														1	2	1	0	0	0	0
	合計		¥			1	2	1	0	0	0	0	¥			1	2	1	0	0	0	0

會計主管：　　　　記帳：　　　　出納：　　　　復核：　　　　製單：李某

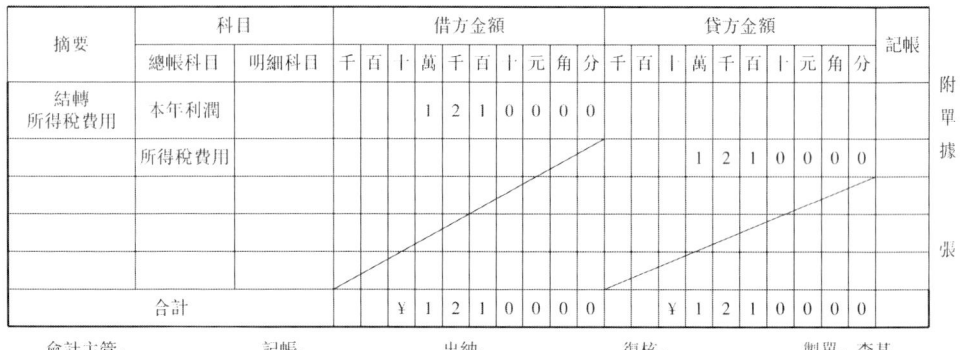

表 4-1-20   記帳憑證

20×3 年 12 月 31 日   第 19 號

摘要	科目		借方金額	貸方金額	記帳
	總帳科目	明細科目	千 百 十 萬 千 百 十 元 角 分	千 百 十 萬 千 百 十 元 角 分	
結轉所得稅費用	本年利潤		1 2 1 0 0 0 0		
	所得稅費用			1 2 1 0 0 0 0	
	合計		¥ 1 2 1 0 0 0 0	¥ 1 2 1 0 0 0 0	

附單據 張

會計主管：　　　記帳：　　　出納：　　　復核：　　　製單：李某

表 4-1-21   記帳憑證

20×3 年 12 月 31 日   第 20 號

摘要	科目		借方金額	貸方金額	記帳
	總帳科目	明細科目	千 百 十 萬 千 百 十 元 角 分	千 百 十 萬 千 百 十 元 角 分	
結轉本年利潤	本年利潤		3 6 3 0 0 0 0		
	利潤分配	未分配利潤		3 6 3 0 0 0 0	
	合計		¥ 3 6 3 0 0 0 0	¥ 3 6 3 0 0 0 0	

附單據 張

會計主管：　　　記帳：　　　出納：　　　復核：　　　製單：李某

表 4-1-22   記帳憑證

20×3 年 12 月 8 日   第 21 號

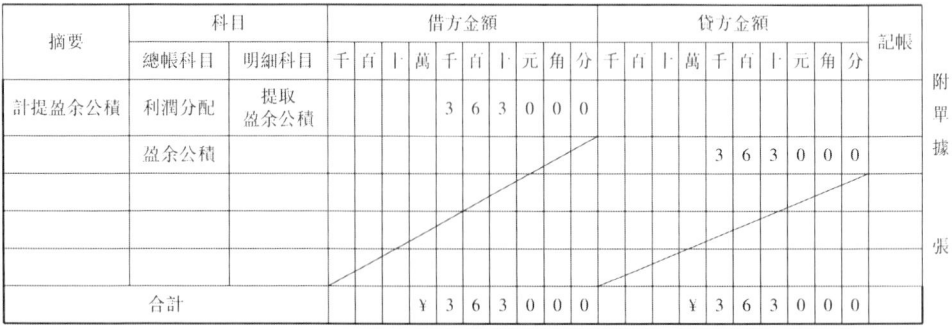

摘要	科目		借方金額	貸方金額	記帳
	總帳科目	明細科目	千 百 十 萬 千 百 十 元 角 分	千 百 十 萬 千 百 十 元 角 分	
計提盈余公積	利潤分配	提取盈余公積	3 6 3 0 0 0		
	盈余公積			3 6 3 0 0 0	
	合計		¥ 3 6 3 0 0 0	¥ 3 6 3 0 0 0	

附單據 張

會計主管：　　　記帳：　　　出納：　　　復核：　　　製單：李某

表 4-1-23   記帳憑證
                                         20×3 年 12 月 31 日   第 22 號

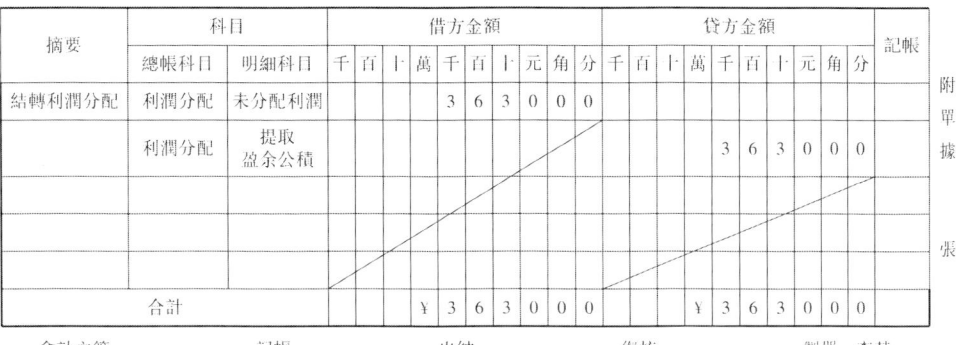

摘要	科目		借方金額	貸方金額	記帳
	總帳科目	明細科目	千百十萬千百十元角分	千百十萬千百十元角分	
結轉利潤分配	利潤分配	未分配利潤	3 6 3 0 0 0		附單據
	利潤分配	提取盈餘公積		3 6 3 0 0 0	
					張
合計			¥ 3 6 3 0 0 0	¥ 3 6 3 0 0 0	

會計主管：   記帳：   出納：   復核：   製單：李某

（二）根據記帳憑證逐筆登記現金日記帳和銀行存款日記帳

表 4-1-24   現金日記帳

20×3 年		憑證編號	摘要	對方科目	借方	貸方	借或貸	餘額
月	日							
12	1		期初餘額				借	30,000
12	1	1	支付廣告費	銷售費用		4,000	借	26,000
12	31		本月合計			4,000	借	26,000

表 4-1-25   銀行存款日記帳

20×3 年		憑證編號	摘要	對方科目	借方	貸方	借或貸	餘額
月	日							
12	1		期初餘額				借	300,000
12	8	3	購買原材料	原材料		34,000	借	266,000
12	8	3	購買原材料	應交稅費		5,780	借	260,220
12	10	5	支付電費	製造費用		1,600	借	258,620
12	10	5	支付電費	管理費用		400	借	258,220
12	16	6	銷售產品	主營業務收入	72,000		借	330,220
12	16	6	銷售產品	應交稅費	12,240		借	342,460
12	18	7	收回帳款	應收帳款	52,650		借	395,110
12	20	8	支付應付款	應付帳款		32,760	借	362,350
12	31		本月合計		136,890	74,540	借	362,350

(三) 根據原始憑證、匯總原始憑證和記帳憑證登記各種明細分類帳

表 4-1-26　　　　　　　　　　　　　原材料明細帳

材料名稱：甲材料　　　　　　　　　　　　　　　　　　　　　　　計量單位：千克

| 20×3 年 || 憑證 || 摘要 | 收入 ||| 發出 ||| 結存 |||
月	日	字	號		數量	單價	金額	數量	單價	金額	數量	單價	金額
12	1			期初余額							1,000	140	140,000
12	4		2	購入	200	140	28,000				1,200	140	168,000
12	24		9	生產領用				600	140	84,000	600	140	84,000
12	31			本月合計	200	140	28,000	600	140	84,000	600	140	84,000

表 4-1-27　　　　　　　　　　　　　原材料明細帳

材料名稱：乙材料　　　　　　　　　　　　　　　　　　　　　　　計量單位：千克

| 20×3 年 || 憑證 || 摘要 | 收入 ||| 發出 ||| 結存 |||
月	日	字	號		數量	單價	金額	數量	單價	金額	數量	單價	金額
12	1			期初余額							500	170	85,000
12	4		3	購入	200	170	34,000				700	170	119,000
12	24		9	生產領用				300	170	51,000	400	170	68,000
12	31			本月合計	200	170	34,000	300	170	51,000	400	170	68,000

表 4-1-28　　　　　　　　　　　　　應收帳款明細帳

帳戶名稱：中興公司

| 20×3 年 || 憑證 || 摘要 | 借方 | 貸方 | 借或貸 | 余額 |
月	日	字	號					
12	1			期初余額			借	250,000
12	9		4	銷售商品	52,650		借	302,650
12	18		7	收回前欠貨款		52,650	借	250,000
12	31			本月合計	52,650	52,650	借	250,000

表 4-1-29　　　　　　　　　　　　　應收帳款明細帳

帳戶名稱：達利公司

| 20×3 年 || 憑證 || 摘要 | 借方 | 貸方 | 借或貸 | 余額 |
月	日	字	號					
12	1			期初余額			借	200,000
12	31			本月合計			借	200,000

表 4-1-30　　　　　　　　　　應付帳款明細帳

帳戶名稱：遠望公司

20×3 年		憑證		摘要	借方	貸方	借或貸	余額
月	日	字	號					
12	1			期初余額			貸	280,000
12	4		2	購買原材料		32,760	貸	312,760
12	20		8	支付前欠貨款	32,760		貸	280,000
12	31			本月合計	32,760	32,760	貸	280,000

表 4-1-31　　　　　　　　　　應付帳款明細帳

帳戶名稱：旭生公司

20×3 年		憑證		摘要	借方	貸方	借或貸	余額
月	日	字	號					
12	1			期初余額			貸	164,000
12	31			本月合計			貸	164,000

（四）根據各種記帳憑證編製科目匯總表

表 4-1-32　　　　　　　　　　科目匯總表

20×3 年 12 月 1 日至 31 日　　　　　　　　　第 12 號

會計科目	本期發生額	
	借方	貸方
庫存現金		4,000
銀行存款	136,890	74,540
應收帳款	52,650	52,650
原材料	62,000	135,000
庫存商品	144,900	52,000
製造費用	5,340	5,340
累計折舊		3,400
應付帳款	32,760	32,760
應付職工薪酬		17,100
應交稅費	10,540	31,990
盈余公積		3,630
本年利潤	117,000	117,000
利潤分配	3,630	36,300

141

表4-1-32(續)

會計科目	本期發生額 借方	本期發生額 貸方
主營業務收入	117,000	117,000
主營業務成本	52,000	52,000
銷售費用	8,760	8,760
管理費用	7,840	7,840
所得稅費用	12,100	12,100
合計	763,410	763,410

(五) 根據科目匯總表登記總分類帳

表 4-1-33　　　　　　　　　　總分類帳

會計科目：庫存現金

20×3 年 月	日	憑證 字	憑證 號	摘要	借方	貸方	借或貸	余額
12	1			期初余額			借	30,000
12	31	科匯	12	1-31 日發生額		4,000	借	26,000
12	31			本月合計		4,000	借	26,000

表 4-1-34　　　　　　　　　　總分類帳

會計科目：銀行存款

20×3 年 月	日	憑證 字	憑證 號	摘要	借方	貸方	借或貸	余額
12	1			期初余額			借	300,000
12	31	科匯	12	1-31 日發生額	136,890	74,540	借	362,350
12	31			本月合計	136,890	74,540	借	362,350

表 4-1-35　　　　　　　　　　總分類帳

會計科目：應收帳款

20×3 年 月	日	憑證 字	憑證 號	摘要	借方	貸方	借或貸	余額
12	1			期初余額			借	450,000
12	31	科匯	12	1-31 日發生額	52,650	52,650	借	450,000
12	31			本月合計	52,650	52,650	借	450,000

表 4-1-36　　　　　　　　　　　　　總分類帳

會計科目：原材料

20×3年		憑證		摘要	借方	貸方	借或貸	余額
月	日	字	號					
12	1			期初余額			借	225,000
12	31	科匯	12	1-31日發生額	62,000	135,000	借	152,000
12	31			本月合計	62,000	135,000	借	152,000

表 4-1-37　　　　　　　　　　　　　總分類帳

會計科目：庫存商品

20×3年		憑證		摘要	借方	貸方	借或貸	余額
月	日	字	號					
12	1			期初余額			借	200,000
12	31	科匯	12	1-31日發生額	144,900	52,000	借	292,900
12	31			本月合計	144,900	52,000	借	292,900

表 4-1-38　　　　　　　　　　　　　總分類帳

會計科目：製造費用

20×3年		憑證		摘要	借方	貸方	借或貸	余額
月	日	字	號					
12	31	科匯	12	1-31日發生額	5,340	5,340	平	0
12	31			本月合計	5,340	5,340	平	0

表 4-1-39　　　　　　　　　　　　　總分類帳

會計科目：固定資產

20×3年		憑證		摘要	借方	貸方	借或貸	余額
月	日	字	號					
12	1			期初余額			借	1,500,000
12	31			本月合計			借	1,500,000

表 4-1-40　　　　　　　　　　　　　總分類帳

會計科目：累計折舊

20×3 年		憑證		摘要	借方	貸方	借或貸	余額
月	日	字	號					
12	1			期初余額			貸	50,000
12	31	科匯	12	1-31 日發生額		3,400	貸	53,400
12	31			本月合計		3,400	貸	53,400

表 4-1-41　　　　　　　　　　　　　總分類帳

會計科目：短期借款

20×3 年		憑證		摘要	借方	貸方	借或貸	余額
月	日	字	號					
12	1			期初余額			貸	600,000
12	31			本月合計			貸	600,000

表 4-1-42　　　　　　　　　　　　　總分類帳

會計科目：應付帳款

20×3 年		憑證		摘要	借方	貸方	借或貸	余額
月	日	字	號					
12	1			期初余額			貸	444,000
12	31	科匯	12	1-31 日發生額	32,760	32,760	貸	444,000
12	31			本月合計	32,760	32,760	貸	444,000

表 4-1-43　　　　　　　　　　　　　總分類帳

會計科目：應付職工薪酬

20×3 年		憑證		摘要	借方	貸方	借或貸	余額
月	日	字	號					
12	1			期初余額			貸	90,000
12	31	科匯	12	1-31 日發生額		17,100	貸	107,100
12	31			本月合計		17,100	貸	107,100

表 4-1-44 　　　　　　　　　　　總分類帳

會計科目：應交稅費

20×3 年		憑證		摘要	借方	貸方	借或貸	余額
月	日	字	號					
12	1			期初余額			貸	26,000
12	31	科匯	12	1-31 日發生額	10,540	31,990	貸	47,450
12	31			本月合計	10,540	31,990	貸	47,450

表 4-1-45 　　　　　　　　　　　總分類帳

會計科目：實收資本

20×3 年		憑證		摘要	借方	貸方	借或貸	余額
月	日	字	號					
12	1			期初余額			貸	1,300,000
12	31			本月合計			貸	1,300,000

表 4-1-46 　　　　　　　　　　　總分類帳

會計科目：資本公積

20×3 年		憑證		摘要	借方	貸方	借或貸	余額
月	日	字	號					
12	1			期初余額			貸	100,000
12	31			本月合計			貸	100,000

表 4-1-47 　　　　　　　　　　　總分類帳

會計科目：盈余公積

20×3 年		憑證		摘要	借方	貸方	借或貸	余額
月	日	字	號					
12	1			期初余額			貸	20,000
12	31	科匯	12	1-31 日發生額		3,630	貸	23,630
12	31			本月合計		3,630	貸	23,630

表 4-1-48　　　　　　　　　　　　　總分類帳

會計科目：本年利潤

20×3年		憑證		摘要	借方	貸方	借或貸	余額
月	日	字	號					
12	31	科匯	12	1-31日發生額	117,000	117,000	平	0
12	31			本月合計	117,000	117,000	平	0

表 4-1-49　　　　　　　　　　　　　總分類帳

會計科目：利潤分配

20×3年		憑證		摘要	借方	貸方	借或貸	余額
月	日	字	號					
12	1			期初余額			貸	75,000
12	31	科匯	12	1-31日發生額	3,630	36,300	貸	107,670
12	31			本月合計	3,630	36,300	貸	107,670

表 4-1-50　　　　　　　　　　　　　總分類帳

會計科目：主營業務收入

20×3年		憑證		摘要	借方	貸方	借或貸	余額
月	日	字	號					
12	31	科匯	12	1-31日發生額	117,000	117,000	平	0
12	31			本月合計	117,000	117,000	平	0

表 4-1-51　　　　　　　　　　　　　總分類帳

會計科目：主營業務成本

20×3年		憑證		摘要	借方	貸方	借或貸	余額
月	日	字	號					
12	31	科匯	12	1-31日發生額	52,000	52,000	平	0
12	31			本月合計	52,000	52,000	平	0

表 4-1-52　　　　　　　　　　　　　總分類帳

會計科目：銷售費用

20×3年		憑證		摘要	借方	貸方	借或貸	余額
月	日	字	號					
12	31	科匯	12	1-31日發生額	8,760	8,760	平	0
12	31			本月合計	8,760	8,760	平	0

表 4-1-53　　　　　　　　　　　　　總分類帳

會計科目：管理費用

20×3 年		憑證		摘要	借方	貸方	借或貸	余額
月	日	字	號						
12	31	科匯	12	1-31 日發生額	7,840	7,840	平	0
12	31			本月合計	7,840	7,840	平	0

表 4-1-54　　　　　　　　　　　　　總分類帳

會計科目：所得稅費用

20×3 年		憑證		摘要	借方	貸方	借或貸	余額
月	日	字	號						
12	31	科匯	12	1-31 日發生額	12,100	12,100	平	0
12	31			本月合計	12,100	12,100	平	0

(六) 將現金日記帳、銀行存款日記帳和明細分類帳的余額同有關總分類帳的余額核對

　　經核對現金日記帳余額＝現金總帳余額＝26,000 元

　　銀行存款日記帳余額＝銀行存款總帳余額＝362,350 元

　　原材料明細帳余額＝140,000+85,000＝152,000 元＝原材料總帳余額

　　應收帳款明細帳余額＝250,000+200,000＝450,000 元＝應收帳款總帳余額

　　應付帳款明細帳余額＝280,000+164,000＝444,000 元＝應付帳款總帳余額

(七) 根據總分類帳和明細分類帳的記錄編製會計報表

表 4-1-55　　　　　　　　　　　　　資產負債表

編製單位：萬華科技有限公司　　20×3 年 12 月 31 日　　　　　　　　　　單位：元

資產	年初數	期末數	負債和所有者權益	年初數	期末數
流動資產：			流動負債：		
貨幣資金	330,000	388,350	短期借款	600,000	600,000
交易性金融資產	0	0	交易性金融負債	0	0
應收票據	0	0	應付票據	0	0
應收帳款	450,000	450,000	應付帳款	444,000	444,000
預付帳款	0	0	預收帳款	0	0
應收利息	0	0	應付職工薪酬	90,000	107,100
應收股利	0	0	應交稅費	26,000	47,450
其他應收款	0	0	應付利息	0	0
存貨	425,000	444,900	應付股利	0	0

表4-1-55(續)

資產	年初數	期末數	負債和所有者權益	年初數	期末數
一年內到期的非流動資產	0	0	其他應付款	0	0
其他流動資產	0	0	一年內到期的非流動負債	0	0
流動資產合計	1,205,000	1,283,250	其他流動負債	0	0
非流動資產:	0	0	流動負債合計	1,160,000	1,198,550
可供出售金融資產	0	0	非流動負債:	0	0
持有至到期投資	0	0	長期借款	0	0
長期應收款	0	0	應付債券	0	0
長期股權投資	0	0	長期應付款	0	0
投資性房地產	0	0	專項應付款	0	0
固定資產	1,450,000	1,446,600			
在建工程	0	0	遞延所得稅負債	0	0
工程物資	0	0	其他非流動負債	0	0
固定資產清理	0	0	非流動負債合計	0	0
生產性生物資產	0	0	負債合計	1,160,000	1,198,550
油氣資產	0	0	所有者權益:		
無形資產	0	0	實收資本(或股本)	1,300,000	1,300,000
開發支出	0	0	資本公積	100,000	100,000
商譽	0	0	減:庫存股	0	0
長期待攤費用	0	0	盈余公積	20,000	23,630
遞延所得稅資產	0	0	未分配利潤	75,000	107,670
其他非流動資產	0	0	所有者權益合計	1,495,000	1,531,300
非流動資產合計	1,450,000	1,446,600			
資產總計	2,655,000	2,729,850	負債和所有者權益總計	2,655,000	2,729,850

表4-1-56　　　　　　　　　　　利潤表

編製單位:萬華科技有限公司　　　20×3年12月　　　　　　　　　　單位:元

項目	本月數	本年累計數
一、營業收入	117,000	
減:營業成本	52,000	
營業稅金及附加	0	
銷售費用	8,760	
管理費用	7,840	

表4-1-56(續)

項目	本月數	本年累計數
財務費用	0	
資產減值損失	0	
加：公允價值變動收益	0	
投資收益	0	
二、營業利潤	48,400	
加：營業外收入	0	
減：營業外支出	0	
三、利潤總額	48,400	
減：所得稅費用	12,100	
四、淨利潤	36,300	
五、每股收益：		
（一）基本每股收益		
（二）稀釋每股收益		

第二章　會計要素與會計等式

【學習目的】

通過本章的學習要求學生理解會計等式的基本原理，掌握六大會計要素的含義、內容、特徵以及會計基本等式，並能準確判斷經濟業務的變化類型，為深入學習會計的基本方法奠定理論基礎。

第一節　會計要素

會計對象是社會再生產過程中的資金運動。但是，只知道會計對象還無法對其進行具體會計核算。因此，在會計實踐中，就必須對會計對象的具體內容進行適當的分類，會計對象的具體分類就是會計要素。會計要素是對會計對象按照經濟交易或者事項的特徵所做的分類，是會計對象的具體化，是反應會計主體的財務狀況和經營成果的基本單位。

中國財政部頒布的《企業會計準則》和《企業會計制度》均明確指出，會計要素包括資產、負債、所有者權益、收入、費用和利潤。這六大會計要素又可以劃分為兩大類：

（1）反應財務狀況的會計要素，又稱資產負債表要素，是構成資產負債表的基本單位，包括資產、負債和所有者權益。

（2）反應經營成果的會計要素，又稱利潤表要素，是構成利潤表的基本單位，包括收入、費用和利潤。

一、資產

資產是指企業過去的交易或事項形成的，並由企業擁有或者控制的資源，該資源預期會給企業帶來經濟利益。

（一）資產的特徵

1. 資產是由企業過去的交易或者事項形成的

資產必須是企業在過去一定時期裡，通過交易或事項所形成的，具體包括購買、生產和建造等行為以及其他交易或事項。只有企業在過去的交易或事項中形成的各種資源才能確認為現實資產，至於未來交易或事項以及未發生的交易或事項可能產生的

結果，則不屬於現實的資產，不得作為資產確認。例如，企業計劃購買一批 A 材料，但實際購買行為尚未發生，不符合資產這一特徵，因此不能確認為現實的資產。

2. 資產是由企業擁有或者控制的

擁有是指企業享有某種資源的所有權。例如，企業用自有資金購入的設備，這裡企業對購入的設備就有所有權。控制是指企業對某些資源雖然不享有所有權，但該資源能為企業所控制、使用。例如，企業向銀行借入的資金，其所有權雖然不屬於企業，但企業可以使用、控制這部分資金，到期只需向銀行支付本息。

3. 資產預期會給企業帶來經濟利益

資產預期會給企業帶來經濟利益，是指資產直接或間接導致現金或現金等價物流入企業的潛力。例如，企業購入的原材料和產成品可用於產品生產，產品完工出售後就會給企業帶來經濟利益。預期不能帶來經濟利益的，就不能確認為企業的資產。例如，倉庫裡面存放的腐爛變質的原材料。因原材料已不會帶來經濟利益，因此不能將此原材料作為資產來看待。

(二) 資產的分類

資產按其流動性，可以分為流動資產和非流動資產。

1. 流動資產

流動資產是指企業可以在一年或者超過一年的一個營業週期內變現或者耗用的資產。所謂營業週期是指企業從投入資金—購買原料—生產產品—銷售產品—收回現金的過程。大部分行業一年有幾個營業週期，則其資產按年劃分為流動資產和非流動資產；而某些特殊行業，如房地產開發企業，其營業週期往往超過一年，則其資產需按營業週期劃分。包括庫存現金、銀行存款、交易性金融資產、應收票據、應收帳款、原材料、庫存商品等。

庫存現金是企業流動性最強的資產，是指存放在企業準備隨時支取的現款，主要用於企業日常活動中的小額零星支出。

銀行存款是指企業存放在銀行或其他金融機構的款項，可自由提取、使用的各種性質存款。

交易性金融資產是指企業以近期出售為目的而持有的金融資產。企業主要通過購入股票、債券、基金等據其市場行情變化隨時出售而獲取一定收益。

應收票據是指企業因銷售商品或提供勞務而收到的商業匯票，包括銀行承兌匯票和商業承兌匯票。

應收帳款是指企業因賒銷商品或提供勞務等經營活動應向購買方或接受勞務方收取而暫未收到的款項。

其他應收款是指企業在日常生產經營過程中產生的除應收帳款和應收票據以外的其他應收款項。

原材料是指企業庫存的各種材料，包括原料及主要材料和輔助材料等。

庫存商品是指企業倉庫裡面存放的各種商品，包括產成品、外購商品、存放在門市部準備出售的商品、發出展覽的商品以及寄存在外的商品等。

2. 非流動資產

非流動資產是指企業在一年以上或一個營業週期以上實現或者耗用的資產，包括長期股權投資、固定資產、無形資產等。

長期股權投資是指持有時間超過一年（不含一年），不準備在一年內變現或收回的投資，包括股票投資和債券投資等權益性投資。長期股權投資的目的是為了獲得較為穩定的投資收益或者對被投資企業的經營活動實施控制或影響。

固定資產是指供企業生產經營使用而不以出售為目的，且其使用年限超過一年，並在使用過程中能夠保持其原有實物形態的資產，包括房屋及建築物、機器設備、運輸設備、工具器具等。

無形資產是指企業在生產經營過程中擁有或者控制的沒有實物形態的可辨認非貨幣性資產，主要包括專利權、非專利技術、商標權和土地使用權等。

二、負債

負債是指企業由於過去的交易或者事項而形成的現時義務，履行該義務預期會導致經濟利益流出企業。

（一）負債的特徵

1. 負責是由企業過去的交易或者事項形成的

例如，企業購入貨物尚未付款，則企業產生了一項將來需付貨款的義務。只有源於已經發生的交易或事項，會計上才有可能確認為負債。

2. 負債是企業承擔的現時義務

現時義務是指企業在現行條件下已承擔的義務。例如，通過與銀行簽訂借款合同產生銀行借款，通過與供應商簽訂商品銷售合同賒購商品發生的應付帳款，都屬於企業在某種約定條件承擔的現時義務。未來交易或事項所形成的義務非現時義務。例如，企業計劃向銀行借入資金100萬元，則不屬於企業要承擔的現時義務。

3. 履行該義務預期會導致經濟利益流出企業

企業在實際履行債務時是會導致資金流出企業的。例如，企業用銀行存款償還銀行借款100萬元，償還后，企業的銀行存款就會減少100萬元。

（二）負債的分類

負債按其流動性，一般可分為流動負債和非流動負債。

1. 流動負債

流動負債是指將在一年或者超過一年的一個營業週期內償付的債務，包括短期借款、應付票據、應付帳款、預收帳款、應付職工薪酬、應交稅費、應付利潤、其他應付款等。

短期借款是指企業向銀行或其他金融機構借入的還款期限在一年以內的各種借款。例如，工業生產週轉借款、臨時借款等。

應付票據是指企業因購買商品或接受勞務等開出的交給銷售方持有的商業匯票，包括銀行承兌匯票和商業承兌匯票。

應付帳款是指企業因賒購商品或接受勞務等經營活動應向銷售方或提供勞務方支付而暫未支付的款項。

預收帳款是指企業按照合同規定向購貨單位預收的購貨款和定金。

應付職工薪酬是指企業應付職工的工資總額以及包括在工資總額內的各種工資性獎金和津貼等。

應交稅費是指企業應交納的各種稅金，包括增值稅、消費稅和所得稅等。

應付利潤是指企業應付給投資者的利潤，包括應付給國家、其他單位以及個人的投資利潤（股份有限公司支付的稱為「應付股利」）。

其他應付款是指企業除上述各種應付款項以外的其他各種應付款。

2. 非流動負債

長期負債是指償還期在一年或者超過一年的一個營業週期以上的各種債務，包括長期借款、應付債券、長期應付款等。同流動負債相比，長期負債的特點是數額較大，償還期限較長。

長期借款是指企業向銀行或其他金融機構借入的，歸還期限在一年以上的各種借款。企業借入長期借款一般用於固定資產購建、固定資產改擴建工程及固定資產大修理工程等方面。

應付債券是指企業為籌集長期使用的資金對外發行的一種還款期在一年以上的書面憑證。企業發行債券的目的是為了籌集資金，但必須為此而支付本金和利息。

長期應付款是指企業除長期借款、應付債券以外的其他一切長期負債，如用補償貿易引進的國外設備，應付的引進設備款和融資租入固定資產的應付租賃款等。

三、所有者權益

所有者權益是指所有者在企業資產中享有的經濟利益，其金額為資產減去負債后的余額，亦稱淨資產。

(一) 所有者權益的特徵（相對於負債而言）

1. 一般不需要償還，除非發生減資、清算

所有者權益資金屬於企業的自有資金，除非有股東撤資或公司倒閉，是不需要償還的。

2. 企業清算時，其清償順序位於負債之后

根據相關法律的規定，在企業同時面臨償債和退還投資者投資的情況下，首先應用資產償還負債，之后才能用於退還投資者投資。

3. 它能夠分享利潤

當企業盈利時，所有者能按照所占份額分享收益；但當企業虧損時，所有者需按照所占份額承擔虧損。

(二) 所有者權益的分類

所有者權益包括四個項目：實收資本（在股份有限公司中，稱作股本）、資本公積、盈余公積和未分配利潤等。

1. 實收資本（或者股本）

實收資本（或者股本）是指投資者按照企業章程或合同、協議的約定，實際投入企業的資本。例如，企業按註冊資本平價發行股票，收到股票款100萬元，這100萬元就是實收資本。

2. 資本公積

資本公積是指投資人投入資本超過註冊資本部分的金額，即資本（或股本）溢價。例如，企業溢價發行股票，收到股票款120萬元，其中面值100萬元，則超過面值部分的20萬元即為資本公積。

3. 盈余公積

盈余公積是指企業從稅后利潤中提取的公積金，包括法定盈余公積和任意盈余公積。法定盈余公積是指企業按照規定的比例（一般為10%）從淨利潤中提取的盈余公積；任意盈余公積是指企業經股東大會或類似機構批准後按照規定的比例從淨利潤中提取的盈余公積。企業的法定盈余公積和任意盈余公積可以用於彌補虧損、轉增資本（或股本）。符合規定條件的企業，可以用盈余公積分派現金股利。

4. 未分配利潤

未分配利潤是指企業已經實現但尚未分配的利潤。

資產、負債和所有者權益三大會計要素構成了資產負債表。資產負債表的基本格式見表4-2-1。

表4-2-1　　　　　　　　　　　　　資產負債表

編製單位：　　　　　　　　　　　　年　月　日　　　　　　　　　　　單位：

資產	年初數	期末數	負債和所有者權益	年初數	期末數
流動資產：			流動負債：		
貨幣資金			短期借款		
交易性金融資產			交易性金融負債		
應收票據			應付票據		
應收帳款			應付帳款		
預付帳款			預收帳款		
應收利息			應付職工薪酬		
應收股利			應交稅費		
其他應收款			應付利息		
存貨			應付股利		
一年內到期的非流動資產			其他應付款		
其他流動資產			一年內到期的非流動負債		
流動資產合計			其他流動負債		
非流動資產：			流動負債合計		

表4-2-1(續)

資產	年初數	期末數	負債和所有者權益	年初數	期末數
可供出售金融資產			非流動負債：		
持有至到期投資			長期借款		
長期應收款			應付債券		
長期股權投資			長期應付款		
投資性房地產			專項應付款		
固定資產			預計負債		
在建工程			遞延所得稅負債		
工程物資			其他非流動負債		
固定資產清理			非流動負債合計		
生產性生物資產			負債合計		
油氣資產			所有者權益：		
無形資產			實收資本（或股本）		
開發支出			資本公積		
商譽			減：庫存股		
長期待攤費用			盈余公積		
遞延所得稅資產			未分配利潤		
其他非流動資產			所有者權益合計		
非流動資產合計					
資產總計			負債和所有者權益總計		

四、收入

收入是指企業在日常活動中形成的、會導致所有者權益增加的、與所有者投入資本無關的經濟利益的總流入。收入包括企業在銷售商品、提供勞務及讓渡資產使用權等日常經營活動中形成的經濟利益的總流入。

（一）收入的特點

1. 收入是在企業的日常活動中形成的

日常活動是指企業所進行的主要的、基本的業務活動。例如，汽車製造公司每天都要進行的汽車生產和銷售活動等。非日常活動中產生的經濟利益的流入稱為利得。例如，企業處理固定資產獲得的淨收益。

2. 收入將引起企業所有者權益的增加

一般而言，企業進行日常活動實現的收入與費用抵減的結果為利潤，而利潤的所有權歸所有者，收入越多，利潤也就越高，所有者權益增加得也就越多。

3. 收入與所有者投入資本無關

儘管所有者投入資本會導致所有者權益增加，但增加的是實收資本或資本公積，與收入的實現是沒有關係的。

(二) 收入的分類

狹義的收入主要是指企業日常活動帶來的經濟利益流入，主要包括企業的主營業務收入、其他業務收入和投資收益；廣義的收入除以上內容外，還包括企業非日常活動產生的經濟利益流入，即營業外收入。

1. 主營業務收入

主營業務收入是指企業從事的日常主要業務獲取的收入。例如：汽車製造企業銷售汽車收入；計算機生產企業銷售計算機收入等。

2. 其他業務收入

其他業務收入是指企業發生的日常其他業務所產生的收入。例如：產品生產企業處理其多餘積壓材料收入；汽車製造企業銷售其汽車配件收入；計算機生產企業銷售其計算機配件收入。

3. 投資收益

投資收益是指企業對外投資（包括交易性金融資產、長期股權投資）活動獲取的股利、利息收入。

4. 營業外收入

營業外收入是指企業在其非日常活動中偶爾發生的經濟利益流入。如企業處置固定資產和無形資產的淨收益、固定資產盤盈、罰款收入等。

五、費用

費用是指企業在日常活動中發生的、會導致所有者權益減少的、與向所有者分配利潤無關的經濟利益的總流出。

(一) 費用的特點

1. 費用是在企業的日常活動中形成的

日常活動是指企業所進行的主要的、基本的業務活動。非日常活動中產生的經濟利益的流出稱為損失。例如：企業處理固定資產獲得的淨損失；工商部門對企業進行的罰款。

2. 費用將引起企業所有者權益的減少

一般而言，企業進行日常活動實現的收入與費用抵減的結果為利潤，而利潤的所有權歸所有者，費用越多，利潤也就越少，所有者權益增加得也就越少。

3. 費用與向所有者分配利潤無關

企業向所有者分配股利或利潤，是將企業實現的經營成果分配給投資者的一種分配活動。雖然在分配利潤的某些情形下（如分配現金股利）會導致經濟利益流出企業，但該經濟利益的流出導致的是企業利潤的減少，而不是費用的增加，因而不能將其確認為企業的費用。

(二) 費用的分類

1. 主營業務成本

主營業務成本是指企業為獲取主營業務收入而產生的成本。例如，產品生產企業已經銷售產品的成本。實際上是構成企業生產成本的內容，企業產品生產成本的構成主要有直接材料費、直接人工費和製造費用。

2. 其他業務成本

其他業務成本是指企業為獲取其他業務收入而產生的成本。例如，汽車生產企業銷售的積壓配件本身的成本——採購成本。

3. 營業稅金及附加

營業稅金及附加也稱銷售稅金，是指企業根據銷售收入等確定的各種稅費。如消費稅、城建稅和教育費附加等。

4. 期間費用

期間費用是指企業不能直接歸屬於某一特定產品成本，而應直接計入當期損益的各種費用。如銷售費用、管理費用和財務費用。

（1）銷售費用是指企業在銷售產品過程中發生的各種費用。例如，專設銷售機構人員的工資及福利費、廣告費、展銷費。

（2）管理費用是指企業為組織和管理整個企業的生產經營活動發生的各種費用。例如，管理部門人員的工資及福利費。

（3）財務費用是指企業為籌集和使用生產經營資金而發生的各種費用。例如，利息、匯兌損益、手續費。

5. 所得稅費用

所得稅費用是指企業根據稅法規定，按照實現的利潤總額確定的應向稅務機關繳納的稅金。

6. 營業外支出

營業外支出是指企業偶爾發生的與其日常活動沒有直接關係的各種支出。例如，固定資產盤虧損失、處置固定資產和無形資產的淨損失、罰款支出、捐贈支出和非常損失等。

六、利潤

利潤是指企業在一定會計期間的經營成果。通常情況下，如果企業實現了利潤，表明企業的所有者權益將增加，業績得到了提升；反之，如果企業發生了虧損（即利潤為負數），表明企業的所有者權益將減少，業績下滑了。

利潤包括收入減去費用後的淨額、直接計入當期利潤的利得和損失等。其中，收入減去費用後的淨額反應的是企業日常活動的業績，直接計入當期利潤的利得和損失反應的是企業非日常活動的業績。因此，利潤的確認主要依賴於收入和費用以及利得和損失的確認。

收入、費用和利潤三大會計要素構成了利潤表。利潤表的基本格式見表4-2-2。

表 4-2-2　　　　　　　　　　　　　　利潤表

編製單位：　　年　月　單位：

項目	本月數	本年累計數
一、營業收入		
減：營業成本		
營業稅金及附加		
銷售費用		
管理費用		
財務費用		
資產減值損失		
加：公允價值變動收益		
投資收益		
二、營業利潤		
加：營業外收入		
減：營業外支出		
三、利潤總額		
減：所得稅費用		
四、淨利潤		
五、每股收益：		
（一）基本每股收益		
（二）稀釋每股收益		

第一步，計算填列營業收入和營業成本

營業收入＝主營業務收入＋其他業務收入

營業成本＝主營業務成本＋其他業務成本

第二步，計算營業利潤

營業利潤＝營業收入−營業成本−營業稅金及附加−銷售費用−管理費用−財務費用−資產減值損失＋公允價值變動收益（−公允價值變動損失）＋投資收益（−投資損失）

第三步，計算利潤總額

利潤總額＝營業利潤＋營業外收入−營業外支出

第四步，計算淨利潤

淨利潤＝利潤總額−所得稅費用

第二節　會計等式

會計等式也稱為會計平衡公式，它是表明各會計要素之間基本關係的恒等式。企業每發生一筆經濟業務，都會導致會計要素發生增減變動，但不論會計要素如何發生變動，會計要素之間的這種平衡關係始終存在，這種表示會計要素之間平衡關係的等式就叫會計平衡公式。它是設置帳戶、復式記帳和編製會計報表的理論依據。

一、基本會計等式

基本會計等式表示為：
資產＝負債＋所有者權益
它表明了反應企業財務狀況的三大會計要素之間的數量關係。下面我們詳細地闡述這一等式的來龍去脈。

企業要從事生產經營活動，一方面必須擁有一定數量的資產，這些資產以各種不同的形態分佈於企業生產經營活動的各個階段，成為企業生產經營活動的基礎；另一方面，這些資產要麼來源於債權人，形成企業的負債；要麼來源於投資者，形成企業的所有者權益。由此可見，資產和負債與所有者權益，實際上是同一價值運動的兩個方面。一個是「來龍」，一個是「去脈」。因此，這兩方面之間必然存在著恒等關係。也就是說，一定數額的資產必然對應著相同數額的負債與所有者權益，而一定數額的負債與所有者權益也必然對應著相同數額的資產。

二、會計事項的發生對基本會計等式的影響

經濟業務也稱為會計事項，是指企業在生產經營過程中發生的能以貨幣計量的，並能引起會計要素發生增減變化的事項。企業在生產經營過程中，不斷地發生各種會計事項。這些會計事項的發生必然會引起會計要素的增減變動，但不會破壞上述等式的恒等關係。儘管企業經濟業務多種多樣，但概括起來主要有以下九種類型：

(一) 引起等式兩邊會計要素同時增加的經濟業務

1. 資產項目增加，同時負債項目也增加相同金額

【例4-2-1】某公司20×3年1月1日的資產負債情況為（單位：萬元）：
資產＝負債＋所有者權益
100＝30＋70

該公司20×3年1月1日從銀行取得短期借款10萬元，存入開戶銀行。

這項會計事項的發生，使企業的負債（短期借款）增加了10萬元，同時也使企業的資產（銀行存款）增加了10萬元。它對會計等式的影響為：
資產＝負債＋所有者權益
100＋10＝30＋10＋70

110＝40+70

2. 資產項目增加，同時所有者權益項目也增加相同金額

【例 4-2-2】該公司 20×3 年 1 月 2 日接受某投資者以固定資產出資 20 萬元。

這項會計事項的發生，使企業的資產（固定資產）增加了 20 萬元，同時也使企業的所有者權益（實收資本）增加了 20 萬元。它對會計等式的影響為：

資產＝負債+所有者權益

110+20＝40+70+20

130＝40+90

(二) 引起等式兩邊會計要素同時減少的經濟業務

1. 資產項目減少，同時負債項目也減少相同金額

【例 4-2-3】該公司 20×3 年 1 月 3 日用銀行存款歸還前欠某公司貨款 30 萬元。

這項會計事項的發生，使企業的資產（銀行存款）減少了 30 萬元，同時也使企業的負債（應付帳款）減少了 30 萬元。它對會計等式的影響為：

資產＝負債+所有者權益

130−30＝40−30+90

100＝10+90

2. 資產項目減少，同時所有者權益項目也減少相同金額

【例 4-2-4】該公司 20×3 年 1 月 4 日以銀行存款歸還聯營單位投資 10 萬元。

這項會計事項的發生，使企業的資產（銀行存款）減少了 10 萬元，同時也使企業的所有者權益（實收資本）減少了 10 萬元。它對會計等式的影響為：

資產＝負債+所有者權益

100−10＝10+90−10

90＝10+80

(三) 引起等式左邊會計要素發生增減變動的經濟業務

即資產方項目一增一減，但增減金額相等，故等式保持平衡。

【例 4-2-5】該公司 20×3 年 1 月 5 日從銀行提取現金 5 萬元。

這項會計事項的發生，使企業的資產（庫存現金）增加了 5 萬元，同時也使企業的資產（銀行存款）減少了 5 萬元。它對會計等式的影響為：

資產＝負債+所有者權益

90−5+5＝10+80

90＝10+80

(四) 引起等式右邊會計要素發生增減變動的經濟業務

1. 等式右邊的負債項目一增一減

【例 4-2-6】該公司 20×3 年 1 月 6 日向銀行借入 20 萬元的短期借款來償還前欠貨款。

這項會計事項的發生，使企業的負債（短期借款）增加了 20 萬元，同時也使企業

的負債（應付帳款）減少了 20 萬元。它對會計等式的影響為：

資產 = 負債+所有者權益

90 = 10+20−20+80

90 = 10+80

2. 等式右邊的所有者權益項目一增一減

【例 4-2-7】該公司 20×3 年 1 月 7 日將盈余公積 30 萬元轉增資本。

這項會計事項的發生，使企業的所有者權益（實收資本）增加了 30 萬元，同時也使企業的所有者權益（盈余公積）減少了 30 萬元。它對會計等式的影響為：

資產 = 負債+所有者權益

90 = 10+80+30−30

90 = 10+80

3. 等式右邊的負債項目增加，而所有者權益項目減少

【例 4-2-8】該公司 20×3 年 1 月 8 日決定向投資者分配利潤 30 萬元。

這項會計事項的發生，使企業的負債（應付利潤）增加了 30 萬元，同時也使企業的所有者權益（未分配利潤）減少了 30 萬元。它對會計等式的影響為：

資產 = 負債+所有者權益

90 = 10+30+80−30

90 = 40+50

4. 等式右邊的所有者權益項目增加，而負債項目減少

【例 4-2-9】該公司 20×3 年 1 月 9 日，經供貨單位同意，將應付帳款 10 萬元轉作本企業的投資。

這項會計事項的發生，使企業的所有者權益（實收資本）增加了 10 萬元，同時也使企業的負債（應付帳款）減少了 10 萬元。它對會計等式的影響為：

資產 = 負債+所有者權益

90 = 40−10+50+10

90 = 30+60

通過以上分析可以看出，不論企業發生那種類型的經濟交易或事項，會計恒等式始終成立。

練習題一

（一）目的：熟悉各會計要素的經濟內容，練習對會計要素的分類。

（二）資料：某公司某月末有關項目余額如下：

1. 出納處存放的現金 1,500 元。
2. 銀行裡的存款 10,000 元。
3. 機器設備價值 300,000 元。
4. 倉庫裡存放的產成品 20,400 元。
5. 倉庫裡存放的原材料 600,000 元。

6. 應收外單位貨款 10,000 元。
7. 房屋及建築物價值 500,000 元。
8. 商標價值 100,000 元。
9. 專利技術價值 200,000 元。
10. 向銀行借入兩年期的借款 60,000 元。
11. 向銀行借入半年期的借款 50,000 元。
12. 應付外單位貨款 90,000 元。
13. 應向稅務部門納稅 12,000 元。
14. 應支付員工工資 100,000 元。
15. 投資者投入資本 200,000 元。
16. 以前年度尚未分配的利潤 80,000 元。
(三) 要求：判斷上列資料中各項目的類別（資產、負債、所有者權益）。

練習題二

(一) 目的：練習經濟業務的類型及其對會計等式的影響。
(二) 資料：某公司發生如下經濟業務：
1. 用銀行存款購入全新機器一臺，價值 40,000 元。
2. 投資者投入無形資產，價值 10,000 元。
3. 以銀行存款償還所欠供應單位帳款 8,000 元。
4. 收到購貨單位前欠帳款 10,000 元，收存銀行。
5. 向銀行借入短期借款 10,000 元，已存入銀行。
6. 向東方公司購買原材料價值 170,000，款項尚未支付。
7. 將現金 10,000 存入銀行。
8. 償還銀行短期借款 10,000 元。
(三) 要求：根據以上發生的經濟業務，分析說明對會計要素的影響情況。

第三章　帳戶與復式記帳

【學習目的】

通過本章學習，要求學生理解設置會計科目的原則，再次熟悉常用會計科目，掌握帳戶的基本結構、借貸復式記帳法的運用以及會計分錄的編製。

第一節　會計科目與帳戶

一、會計科目

(一) 會計科目的含義

會計科目就是對會計要素按照不同的經濟內容和管理需要進行分類的項目，是設置會計帳戶的依據，也是構成會計報表項目的主要構成內容。例如，企業從銀行獲得一筆長期借款，已經存入企業銀行帳戶。從業務內容來看，這筆業務涉及資產和負責要素，但在會計上不能以會計要素為單位進行處理，還需進一步分析這筆業務涉及要素的哪一方面，在這裡就涉及「銀行存款」和「長期借款」兩個會計科目。

在實際工作中，財政部頒布的《企業會計準則——應用指南》對各類企業的會計科目做出了統一規範，企業可以根據實際需要有選擇地使用這些會計科目，作為設置帳戶的依據。

(二) 設置會計科目的原則

設置會計科目必須遵循一定的原則，主要有以下幾個方面：

1. 全面性原則

會計科目是對會計要素按照不同的經濟內容和管理需要進行分類的項目，因此，會計科目的設置要求能全面地反應企業會計要素的內容，不得有遺漏。

2. 相關性原則

會計科目的設置必須能滿足會計信息使用者對企業會計信息的需求。會計信息的需求者主要有企業內部經濟管理部門、國家宏觀經濟管理部門、投資者、債權人等，設置會計科目時需盡量滿足他們對信息的需要。

3. 統一性與靈活性兼顧原則

統一性就是在設置會計科目時，根據《企業會計準則》的要求對一些主要會計科

目的設置進行統一的規定，核算指標的計算標準、口徑都要統一。

靈活性就是在能夠提供統一的核算指標的前提下，各個單位根據自己的具體情況及投資者的要求，設置或增補會計科目。

4. 會計科目的名稱要簡單明確、字義相符、通俗易懂

簡單明確是指根據經濟業務的特點盡可能簡潔明確地規定會計科目的名稱；字義相符是指按照中文習慣，能夠顧名思義，不致產生誤解；通俗易懂是指要盡量避免使用晦澀難懂的文字，便於大多數人正確理解。

5. 穩定性原則

為了便於在不同時期分析、比較會計核算指標和在一定範圍內匯總核算指標，應保證會計科目的相對穩定，不能經常變動會計科目的名稱、內容和數量。

(三) 會計科目的內容

中國會計科目及核算內容都是由財政部統一規定的，2006 年制定的《企業會計準則》中規定的會計科目表如表 4-3-1 所示。

表 4-3-1　　　　　　　　　　會計科目表（簡化表）

編號	會計科目名稱	編號	會計科目名稱
	一、資產類	2211	應付職工薪酬
1001	庫存現金	2221	應交稅費
1002	銀行存款	2231	應付利息
1101	交易性金融資產	2232	應付股利
1121	應收票據	2241	其他應付款
1122	應收帳款	2501	長期借款
1123	預付帳款	2502	應付債券
1131	應收股利		三、所有者權益類
1132	應收利息	4001	實收資本
1221	其他應收款	4002	資本公積
1231	壞帳準備	4101	盈餘公積
1401	材料採購	4103	本年利潤
1402	在途物資	4104	利潤分配
1403	原材料		四、成本類
1404	材料成本差異	5001	生產成本
1405	庫存商品	5101	製造費用
1411	週轉材料		五、損益類
1471	存貨跌價準備	6001	主營業務收入
1511	長期股權投資	6051	其他業務收入

表4-3-1(續)

編號	會計科目名稱	編號	會計科目名稱
1601	固定資產	6101	公允價值變動損益
1602	累計折舊	6111	投資收益
1604	在建工程	6301	營業外收入
1701	無形資產	6401	主營業務成本
1702	累計攤銷	6402	營業稅金及附加
1901	待處理財產損溢	6403	其他業務成本
	二、負債類	6601	銷售費用
2001	短期借款	6602	管理費用
2201	應付票據	6603	財務費用
2202	應付帳款	6711	營業外支出
2203	預收帳款	6801	所得稅費用

(四) 會計科目的級次

會計科目按其提供指標的詳細程度，可以分為以下兩類：

1. 總分類科目

總分類科目也稱一級科目。它是對會計要素的具體內容進行總括分類的會計科目，是反應總括性核算指標的科目。例如，「原材料」「固定資產」「短期借款」「應付帳款」等。按中國現行會計制度規定，總分類科目一般由財政部或企業主管部門統一制定。表4-3-1中的會計科目都是總分類科目。

2. 明細分類科目

明細分類科目是對總分類科目的內容再做詳細分類的科目，它是反應核算指標詳細、具體情況的科目。例如，在「應付帳款」總分類科目下按具體應付單位分設明細科目，具體反應應付哪個單位的貨款。按中國現行會計制度規定，明細分類科目除會計制度規定設置的以外，各單位可根據實際需要自行設置。會計科目按提供指標詳細程度的分類見表4-3-2。

表4-3-2　　　　　　　　　會計科目按其級次的分類

總分類科目	明細分類科目
應收帳款	萬華公司
	順達公司
原材料	甲材料
	乙材料

二、帳戶

(一) 帳戶的概念

會計科目只是對會計要素按照不同的經濟內容和管理需要進行分類的項目，還不能進行具體的會計核算。為了全面、序時、連續、系統地反應和監督會計要素的增減變動，還必須設置帳戶。

會計帳戶是根據會計科目設置的，具有一定結構形式，用以連續、系統、全面地記錄交易或事項，反應會計要素增減變動及其結果，並為會計報告的編製提供數據資料的一種工具。帳戶是根據會計科目設置的，因此帳戶的名稱必然與會計科目一致。帳戶的設置也與會計科目的級次有關，即根據總分類科目開設總分類帳戶，根據明細分類科目開設明細分類帳戶。

會計科目與會計帳戶是兩個既有區別又相互聯繫的不同概念。二者的共同點是：兩者所反應的經濟內容是相同的。在實際工作中，由於帳戶是根據會計科目開設的，有什麼樣的會計科目就有什麼樣的帳戶。二者的主要區別是：會計科目只表明某項會計要素的具體內容，而帳戶不僅表明相同的內容，還具有一定的結構和格式，可以對會計對象進行連續、系統的記錄，以反應某項經濟內容的增減變化及其結果。

(二) 帳戶的結構

帳戶具有一定的結構。帳戶的結構是由經濟交易或事項的發生引起會計科目發生變動的情況決定的。而經濟交易或事項的發生所引起會計科目的變動結果，從數量上看只有兩種情況：增加或減少。因此，帳戶的結構也相應地分為兩個基本部分，即劃分為左右兩方，一方登記增加數，另一方登記減少數。帳戶的一般格式如表 4-3-3 所示。

表 4-3-3　　　　　　　　　　　　　帳戶的格式

帳戶名稱：(會計科目)

年		憑證號數	摘要	借方	貸方	余額
月	日					

為教學方便，在教科書中通常用簡化的「T」字形帳戶來說明帳戶結構。「T」字形帳戶是指在帳戶的全部結構中用來登記增加額、減少額和余額的那部分結構。具體格式見圖 4-3-1。

左方	帳戶（會計科目）	右方

圖 4-3-1 「T」字形帳戶

在帳戶中，帳戶的左右兩方按相反方向來記錄增加額和減少額。如果左方用來登記增加數，那麼右方肯定就用來登記減少數；反之亦然。但究竟帳戶的哪一方登記增加數，哪一方登記減少數，這在下一節內容裡面介紹。

帳戶的左右兩方分別用來登記增加數或減少數，增減相抵後的差額，稱為帳戶的余額。在一個會計期間內，帳戶的增加數一般大於帳戶的減少數，所以帳戶的余額一般在帳戶的增加方。一個會計期間開始時記錄的余額稱為期初余額，結束時記錄的余額稱為期末余額。因此，帳戶一般有四個金額：期初余額、本期增加發生額、本期減少發生額和期末余額。這四項金額的關係可以用下列等式來表示：

期末余額＝期初余額＋本期增加發生額－本期減少發生額

帳戶的增減變動無非涉及以下兩種情況：

1. 帳戶左方登記增加數額，右方登記減少數額

左方		帳戶名稱	右方
期初余額	×××		
本期增加額	×××	本期減少額	×××
	×××		×××
本期增加發生額	×××	本期減少發生額	×××
期末余額	×××		

圖 4-3-2 帳戶記錄

2. 帳戶左方登記減少數額，右方登記增加數額

左方		帳戶名稱	右方
		期初余額	×××
本期減少額	×××	本期增加額	×××
	×××		×××
本期減少發生額	×××	本期增加發生額	×××
		期末余額	×××

圖 4-3-3 帳戶記錄

第二節　借貸記帳法

一、記帳方法的意義和種類

記帳方法是指如何將已發生的經濟交易與事項記錄在會計帳戶中的方法。記帳方法可以分為單式記帳法和復式記帳法兩種類型。

(一) 單式記帳法

單式記帳法是指對企業發生的任何一項交易或事項都只在一個帳戶中進行單方面記錄的一種記帳方法。通常只記錄債權債務交易以及現金、銀行存款交易，而對於其他經濟交易與事項則不予記錄。

例如，某企業用銀行存款購入一批商品10,000元，採用單式記帳法時只在「銀行存款」帳戶中做減少10,000元的記錄，而「庫存商品」的增加則不予記錄。

單式記帳法是一種不完善的記帳方法，不能全面地反應經濟交易或事項的來龍去脈，也不便於檢查帳簿記錄的正確性，因此逐漸被復式記帳法所取代。

(二) 復式記帳法

復式記帳法是指對企業發生的任何一項交易或事項都以相等的金額在兩個或兩個以上相互聯繫的帳戶中進行平衡記錄，借以反應會計要素具體內容增減變化的記帳方法。

例如，某企業用銀行存款購入一批商品10,000元，採用復式記帳法時既要在「銀行存款」帳戶中做減少10,000元的記錄，又要在「庫存商品」帳戶中作增加10,000元的記錄。

復式記帳包括借貸記帳法、收付記帳法和增減記帳法等。借貸記帳法是目前國際上通用的記帳方法，從1993年7月1日開始，中國要求所有企業均採用借貸記帳法記帳。

二、復式記帳法的理論依據

復式記帳法是一種科學的記帳方法。它建立在會計等式的基礎上，並以此作為理論依據。前已述及，基本的會計等式為：

資產＝負債＋所有者權益

會計等式反應了企業資金運動的內在規律性。任何經濟業務的發生都會對會計要素產生影響，但都不會破壞會計等式的平衡，即遵循資金運動的規律。復式記帳法對任何經濟業務的發生都在兩個或兩個以上帳戶中以相等的金額加以記錄，也同樣遵循資金運動的規律。因此，復式記帳的理論依據是會計等式。

三、借貸記帳法

借貸記帳法是以「借」和「貸」作為記帳符號，記錄交易或事項的發生和完成情況的一種復式記帳方法。它大約起源於12世紀的義大利。當時，義大利北部地區的商品貿易較為發達，為了適應商業資本和借貸資本經營者管理的需要，便逐步產生了以「借」

「貸」為記帳符號的記帳方法。借貸記帳法作為一種科學的復式記帳方法，形成於 15 世紀，並以 1494 年盧卡・帕喬利所著《算術、幾何、比及比例概要》的問世為標誌。

(一) 記帳符號

借貸記帳法以「借」和「貸」作為記帳符號。在帳戶結構中用「借方」和「貸方」分別代替「左方」和「右方」。

「借」「貸」二字最初的含義是從借貸資本家的角度來解釋的。借貸資本家在經營貨幣的借入與貸出時，把從債權人借入的款項記在「貸主」名下，表示自身債務的增加；把向債務人貸出的款項，記在「借主」名下，表示自身債權的增加。

隨著經濟的發展，非借貸行業也開始使用「借」「貸」記帳符號，此時，「借」「貸」二字已經失去了原有的含義而僅僅作為一種純粹的記帳標誌存在。

(二) 帳戶結構

借貸記帳法的帳戶基本結構分為左右兩方，稱左方為「借方」，右方為「貸方」，帳戶的借貸兩方必須做相反方向的記錄。

確立帳戶結構的理論依據是會計等式。帳戶結構的確立是以其在會計等式中的位置來決定的。根據會計等式：

資產+費用＝負債+所有者權益+收入

帳戶可分為等式左邊的帳戶和等式右邊的帳戶，處於等式左邊的資產和費用帳戶，用帳戶的「左方」即借方記增加，右方即「貸方」記減少，余額一般在借方；處於等式右邊的負債、所有者權益、收入帳戶，用帳戶的「右方」即貸方記增加，用「左方」即借方記減少，余額一般在貸方。

1. 資產類帳戶

資產類帳戶的結構是：借方登記資產的增加額，貸方登記資產的減少額。期末余額一般在借方，表示期末資產的實有數額，如圖 4-3-4 所示。

借方		資產帳戶	貸方
期初余額	×××		
本期增加額	×××	本期減少額	×××
	×××		×××
本期借方發生額	×××	本期貸方發生額	×××
期末余額	×××		

圖 4-3-4　資產類帳戶

期末余額＝期初余額+本期增加發生額-本期減少發生額

2. 負債類帳戶

負債類帳戶的結構是：貸方登記負債的增加額，借方登記負債的減少額。期末余額一般在貸方，表示期末負債的實有數額，如圖 4-3-5 所示。

借方		負債帳戶	貸方
		期初余額	×××
本期減少額	×××	本期增加額	×××
	×××		×××
本期借方發生額	×××	本期貸方發生額	×××
		期末余額	×××

圖 4-3-5　負債類帳戶

3. 所有者權益類帳戶

所有者權益類帳戶的結構是：貸方登記所有者權益的增加額，借方登記所有者權益的減少額。期末余額一般在貸方，表示期末所有者權益的實有數額，如圖 4-3-6 所示。

借方		所有者權益帳戶	貸方
		期初余額	×××
本期減少額	×××	本期增加額	×××
	×××		×××
本期借方發生額	×××	本期貸方發生額	×××
		期末余額	×××

圖 4-3-6　所有者權益類帳戶

4. 成本類帳戶

成本類帳戶的結構是：借方登記成本的增加額，貸方登記成本的轉出額。在每一個會計期末，用借方發生額與貸方發生額相比較，如果已發生的所有的成本均轉為資產，則成本類帳戶期末沒有余額；如果尚有一部分成本沒有轉為資產，則會有借方差額，表示期末尚未轉為資產的成本數額，如圖 4-3-7 所示。

借方		成本帳戶	貸方
期初余額	×××		
本期增加額	×××	本期轉出額	×××
	×××		×××
本期借方發生額	×××	本期貸方發生額	×××
期末余額	×××		

圖 4-3-7　成本類帳戶

5. 損益類帳戶

反應各項損益的帳戶稱為損益類帳戶。損益類帳戶按反應的具體內容不同，又可分為收入類帳戶和費用類帳戶。企業在生產經營過程中要不斷地取得各種收入，而為了取得收入，就要發生各種費用支出。將一定期間的收入與費用相配比，就可以計算出企業實現的利潤。利潤是企業資產的一個來源，在未分配前可以看成企業所有者權益的增加。因為收入的

增加意味著利潤的增加，其結構應同所有者權益類帳戶基本相同；而費用的增加則意味著利潤的減少，所以其結構應與所有者權益類帳戶相反，與資產類帳戶結構相同。

應明確的是，為了在期末對收入和費用進行配比以計算當期利潤，在期末時，要將所有本期實現的收入從收入帳戶轉出，轉入反應利潤的有關帳戶，表示所有者權益的增加；而所有本期發生的費用，也要從費用帳戶轉出，轉入反應利潤的帳戶，表示所有者權益的減少。因而損益類帳戶的特徵是期末結轉利潤後，損益類帳戶沒有餘額。

收入類帳戶的結構是：貸方登記收入的增加額，借方登記收入的減少額和轉出額。在每一個會計期末，將收入的發生額從借方轉出，期末結轉后收入類帳戶無餘額。

收入類帳戶的結構如圖 4-3-8 所示。

借方	收入帳戶	貸方
本期減少額	×××	本期增加額	×××
及轉出額	×××		×××
本期借方發生額	×××	本期貸方發生額	×××

圖 4-3-8　收入類帳戶

費用類帳戶的結構是：借方登記費用支出的增加額，貸方登記費用的減少額和轉出額。在每一個會計期末，將費用支出的發生額從貸方轉出，期末結轉后費用類帳戶無餘額，如圖 4-3-9 所示。

借方	費用帳戶	貸方
本期增加額	×××	本期減少及	×××
	×××	轉出額	×××
本期借方發生額	×××	本期貸方發生額	×××

圖 4-3-9　費用類帳戶

根據以上對各類帳戶結構的說明，借貸記帳法帳戶的結構可以歸納為如圖 4-3-10 所示的內容。

	借方	帳戶名稱	貸方
資產	增加		減少
成本費用	增加		減少（結轉）
負債	減少		增加
所有者權益	減少		增加
收入	減少（結轉）		增加
	期末餘額：資產或成本餘額		期末餘額：負債或所有者權益餘額

圖 4-3-10　借貸記帳法帳戶

(三) 記帳規則

借貸記帳法的記帳規則通常概括為：「有借必有貸，借貸必相等」。其具體含義是：在借貸記帳法下，對任何經濟業務進行分析，都會涉及兩個或兩個以上的帳戶，不論引起帳戶的增加還是減少，如果一個帳戶記在借方，那麼另一個帳戶一定就記在貸方，而且兩者所記的金額相等。

下面舉例說明借貸記帳法的記帳規則。

【例4-3-1】A公司接受某單位的追加投資300,000元，款項已存入銀行。

這項經濟業務的發生，使屬於所有者權益的「實收資本」和屬於資產的「銀行存款」兩個帳戶發生變動，「實收資本」增加300,000元記入貸方，「銀行存款」增加300,000元記入借方。

實收資本	銀行存款
	300,000	300,000	

【例4-3-2】A公司用銀行存款50,000元購買原材料。

這項經濟業務的發生，使同屬於資產的「原材料」和「銀行存款」兩個帳戶發生變動，「原材料」增加50,000元記借方，「銀行存款」減少50,000元記貸方。

原材料	銀行存款
50,000			50,000

【例4-3-3】A公司向銀行借入6個月的臨時週轉借款1,000,000元，款項已劃入單位銀行存款帳戶。

這項經濟業務的發生，使屬於負債的「短期借款」和屬於資產的「銀行存款」兩個帳戶發生變動，「短期借款」增加1,000,000元記入貸方，「銀行存款」增加1,000,000元記入借方。

銀行存款	短期借款
1,000,000			1,000,000

【例4-3-4】A公司用銀行存款200,000元歸還長期借款。

這項經濟業務的發生，使屬於負債的「長期借款」和屬於資產的「銀行存款」兩個帳戶發生變動，「長期借款」減少200,000元記借方，「銀行存款」減少200,000元記貸方。

銀行存款	長期借款
200,000	200,000

【例 4-3-5】A 公司銷售商品一批，價值 700,000 元，貨款暫未收。（不考慮增值稅）

這項經濟業務的發生，使屬於資產的「應收帳款」和屬於收入的「主營業務收入」兩個帳戶發生變動，「應收帳款」增加 700,000 元記借方，「主營業務收入」增加 700,000 元記貸方。

應收帳款	主營業務收入
700,000	700,000

【例 4-3-6】A 公司用現金 1,500 元購買辦公用品。

這項經濟業務的發生，使屬於費用的「管理費用」和屬於資產的「庫存現金」兩個帳戶發生變動，「管理費用」增加 1,500 元記借方，「庫存現金」減少 1,500 元記貸方。

庫存現金	管理費用
1,500	1,500

(四) 會計分錄

1. 會計分錄的含義

會計分錄是指針對每項經濟交易與事項確定其應當登記的帳戶名稱、借貸方向及其金額的書面記錄。

例如，某企業於 6 月 10 日用銀行存款 50,000 元償還應付帳款。針對該項經濟交易，該企業應編製如下會計分錄：

借：應付帳款　　　　　　　　　　　　　　　　50,000
　　貸：銀行存款　　　　　　　　　　　　　　　　　　50,000

當一項經濟交易與事項發生后，企業根據所設置的帳戶並按照借貸記帳法編製會計分錄，從而使得兩個或多個特定的會計帳戶之間形成了一種「應借應貸關係」。這種帳戶之間的應借應貸關係，被稱為「帳戶對應關係」；具有對應關係的帳戶，被稱為「對應帳戶」。如上例中的「銀行存款」帳戶和「應付帳款」帳戶。根據帳戶之間的對應關係，可以分析和判斷經濟交易與事項的具體內容，從而深刻瞭解企業經濟活動的實際情況。例如，根據「借：應付帳款 50,000，貸：銀行存款 50,000」所反應的帳戶對應關係，可以確定企業發生了「償還應付帳款 50,000 元的經濟交易」。

在實際工作中，企業編製會計分錄實際上就是根據原始憑證編製「記帳憑證」，記帳憑證是用來登記帳戶（帳簿）的直接依據。

2. 會計分錄的編製步驟

（1）首先分析這項經濟業務涉及的帳戶名稱，判斷其是增加還是減少；

（2）判斷應計帳戶的性質，按帳戶結構確定應記入有關帳戶的借方還是貸方；

（3）根據借貸記帳法的記帳規則，確定應記入每個帳戶的金額；

（4）按分錄的格式要求編寫會計分錄。會計分錄的書寫要求：借在上貸在下，借、貸錯開一字格，金額分排兩列，金額后不必寫「元」。

現以前面記帳規則中所舉的六項經濟業務為例，編製會計分錄如下：

例 4-3-1　借：銀行存款　　　　　　　　　　　　　　　　300,000
　　　　　　　貸：實收資本　　　　　　　　　　　　　　　　300,000

例 4-3-2　借：原材料　　　　　　　　　　　　　　　　　　50,000
　　　　　　　貸：銀行存款　　　　　　　　　　　　　　　　50,000

例 4-3-3　借：銀行存款　　　　　　　　　　　　　　　1,000,000
　　　　　　　貸：短期借款　　　　　　　　　　　　　　1,000,000

例 4-3-4　借：長期借款　　　　　　　　　　　　　　　　200,000
　　　　　　　貸：銀行存款　　　　　　　　　　　　　　　200,000

例 4-3-5　借：應收帳款　　　　　　　　　　　　　　　　700,000
　　　　　　　貸：主營業務收入　　　　　　　　　　　　　700,000

例 4-3-6　借：管理費用　　　　　　　　　　　　　　　　　1,500
　　　　　　　貸：庫存現金　　　　　　　　　　　　　　　　1,500

（五）借貸記帳法的試算平衡

試算平衡，就是根據「資產＝負債+所有者權益」的平衡關係，按照記帳規則的要求，通過匯總計算和比較，檢查帳戶記錄的正確性和完整性的方法。借貸記帳法下的試算平衡主要有兩種方式。

1. 發生額試算平衡

採用借貸記帳法，由於對任何經濟業務都是按照「有借必有貸、借貸必相等」的記帳規則記入各有關帳戶，所以不僅每一筆會計分錄借貸發生額相等，而且當一定會計期間的全部經濟業務都記入相關帳戶後，所有帳戶的借方發生額合計數必然等於貸方發生額合計數。這個平衡用公式表示為：

全部帳戶本期借方發生額合計＝全部帳戶本期貸方發生額合計

2. 余額試算平衡

到某一會計期末，由於所有帳戶的期初借方與貸方余額合計數是相等的，而且所有帳戶的借方發生額合計數又等於貸方發生額合計數，因此，所有帳戶的期末借方余額合計數也必然等於貸方余額合計數。這個平衡用公式表示為：

全部帳戶期末借方余額合計＝全部帳戶期末貸方余額合計

企業在期末可以依據上述兩式分別編製總分類帳戶本期發生額試算平衡表和期末

余額試算平衡表，或合併編製總分類帳戶本期發生額及余額試算平衡表，進行試算平衡。試算平衡表的格式如表 4-3-4、表 4-3-5、表 4-3-6。

表 4-3-4　　　　　　　　　總分類帳戶發生額試算平衡表

年　月　日　　　　　　　　　　　　　　單位：元

帳戶名稱	本期發生額	
	借方	貸方
合計		

表 4-3-5　　　　　　　　　總分類帳戶余額試算平衡表

年　月　日　　　　　　　　　　　　　　單位：元

帳戶名稱	期末余額	
	借方	貸方
合計		

表 4-3-6　　　　　　　　總分類帳戶發生額及余額試算平衡表

年　月　日　　　　　　　　　　　　　　單位：元

帳戶名稱	期初余額		本期發生額		期末余額	
	借方	貸方	借方	貸方	借方	貸方
合計						

需注意，試算平衡只是通過借貸金額是否平衡來檢查帳戶記錄是否正確的一種方法。如果借貸雙方發生額或余額相等，可以表明帳戶記錄基本正確，但不足以說明帳戶記錄完全沒有錯誤。因為有些錯誤並不影響借貸雙方的平衡，如漏記或重記某項經濟業務，或者應借應貸科目用錯，或者借貸方向顛倒，或者借方和貸方都多記或少記相同的金額等。如果經試算的雙方金額不等，則可以肯定帳戶記錄或計算有誤，需要進一步查實。

（六）借貸記帳法的具體運用——實例

下面，我們通過舉例進一步說明借貸記帳法的具體運用。

1. 大華公司 8 月有關帳戶期初余額如表 4-3-7 所示。

表 4-3-7　　　　　　　　　　各帳戶期初余額表　　　　　　　　　單位：元

帳戶名稱	期初余額	
	借方	貸方
庫存現金	2,000	
銀行存款	20,000	
固定資產	100,000	
原材料	50,000	
短期借款		22,000
應付帳款		50,000
實收資本		100,000
合計	172,000	172,000

2. 該公司8月份發生下列經濟業務：

（1）從銀行提取現金1,000元備用。

（2）收到投資者投入資金200,000元，已存入單位銀行帳號。

（3）用銀行存款120,000元購入一臺全新機器設備。

（4）用銀行存款50,000元償還前欠某企業帳款。

（5）購進材料一批價值16,000元，材料已驗收入庫，但貨款尚未支付（不考慮增值稅）。

（6）以銀行存款償還銀行短期借款8,000元。

3. 根據上述經濟業務編製會計分錄如下：

（1）借：庫存現金　　　　　　　　　　　　　　　　　　1,000
　　　　貸：銀行存款　　　　　　　　　　　　　　　　　　1,000

（2）借：銀行存款　　　　　　　　　　　　　　　　　　200,000
　　　　貸：實收資本　　　　　　　　　　　　　　　　　200,000

（3）借：固定資產　　　　　　　　　　　　　　　　　　120,000
　　　　貸：銀行存款　　　　　　　　　　　　　　　　　120,000

（4）借：應付帳款　　　　　　　　　　　　　　　　　　50,000
　　　　貸：銀行存款　　　　　　　　　　　　　　　　　50,000

（5）借：原材料　　　　　　　　　　　　　　　　　　　16,000
　　　　貸：應付帳款　　　　　　　　　　　　　　　　　16,000

（6）借：短期借款　　　　　　　　　　　　　　　　　　8,000
　　　　貸：銀行存款　　　　　　　　　　　　　　　　　8,000

4. 將會計分錄的記錄記入有關帳戶（見圖4-3-11）。

庫存現金				銀行存款		
期初余額	2,000		期初余額	20,000		
（1）	1,000		（2）	200,000	（1）	1,000
本期發生額	1,000	本期發生額 0			（3）	120,000
期末余額	3,000				（4）	50,000
					（5）	8,000
			本期發生額	200,000	本期發生額	179,000
			期末余額	41,000		

固定資產				原材料		
期初余額	100,000		期初余額	50,000		
（3）	120,000		（5）	16,000		
本期發生額	120,000	本期發生額 0	本期發生額	16,000	本期發生額	0
期末余額	220,000		期末余額	66,000		

短期借款				應付帳款		
		期初余額 22,000			期初余額	50,000
（6）	8,000		（4）	50,000	（5）	16,000
本期發生額	8,000	本期發生額 0	本期發生額	50,000	本期發生額	16,000
		期末余額 14,000	期末余額	16,000		

實收資本		
		期初余額 100,000
		（2） 200,000
本期發生額	0	本期發生額 200,000
		期末余額 300,000

圖 4-3-11　大華公司 8 月份經濟交易的「T」字形帳戶（單位：元）

5. 根據帳戶記錄編製發生額及余額試算平衡表（見表 4-3-8）。

表 4-3-8　　　　　　　　總分類帳戶發生額及余額試算平衡表

××年 8 月 31 日　　　　　　　　　　　　單位：元

帳戶名稱	期初余額		本期發生額		期末余額	
	借方	貸方	借方	貸方	借方	貸方
庫存現金	2,000		1,000		3,000	

表4-3-8(續)

帳戶名稱	期初余額 借方	期初余額 貸方	本期發生額 借方	本期發生額 貸方	期末余額 借方	期末余額 貸方
銀行存款	20,000		200,000	179,000	41,000	
固定資產	100,000		120,000		220,000	
原材料	50,000		16,000		66,000	
短期借款		22,000	8,000			14,000
應付帳款		50,000	50,000	16,000		16,000
實收資本		100,000		200,000		300,000
合計	172,000	172,000	395,000	395,000	330,000	330,000

練習題

(一) 目的：練習會計分錄的編製

(二) 資料：大華公司6月發生以下經濟業務（不考慮增值稅）：

1. 購進不需安裝的機器設備一臺，價值20,000元，以銀行存款支付。
2. 從銀行提取現金2,000元。
3. 將現金50,000元存入銀行。
4. 投資者投入專利技術，價值40,000元。
5. 生產車間向倉庫領用材料一批價值50,000元，投入生產。
6. 以銀行存款30,000元，償還應付供貨單位貨款。
7. 向銀行取得長期借款160,000元，存入銀行。
8. 用銀行存款上交所得稅9,000元。
9. 收到捐贈人贊助現金5,000元。
10. 收到購貨單位前欠貨款18,000元，全部存入銀行。

(三) 要求：根據以上資料編製會計分錄。

第四章 會計憑證

【學習目的】

通過本章學習，要求學生掌握原始憑證和記帳憑證的填製要求和填製方法，能正確填製發票、支票、現金交款單以及記帳憑證。

第一節 會計憑證概述

一、會計憑證的概念

會計憑證是指記錄經濟業務，明確經濟責任的書面證明，也是登記帳簿的依據。填製和審核會計憑證，是會計工作的開始，也是會計對經濟業務進行監督的重要環節。

一切會計記錄都必須有真憑實據，從而使會計核算資料具有客觀性，這是會計核算必須遵循的原則，也是會計核算區別於其他經濟管理活動的一個重要特點。所以填製和審核會計憑證就成為會計核算工作的起點。任何經濟業務發生，必須由經辦經濟業務的有關人員填製會計憑證，記錄經濟業務的日期、內容、數量和金額，並在憑證上簽名蓋章，對會計憑證的真實性和正確性負完全責任。只有經過審核無誤的會計憑證，才能據以收、付款、動用財產物資及登記帳簿。

二、會計憑證的意義

會計憑證在會計核算中，具有十分重要的意義，歸納起來主要有以下幾個方面：

（一）提供會計信息

各單位日常發生的經濟業務主要有：資金的取得和運用、採購業務、生產過程中的各種耗費、銷售業務以及經營成果的分配等，既有貨幣資金的收付，又有財產物資的進出。通過會計憑證的填製，可以將日常所發生的大量的經濟業務進行整理、分類與匯總，為經濟管理提供有用的會計信息。

（二）可以更有力地發揮會計的監督作用

通過會計憑證的審核，可以檢查單位的各項經濟業務是否符合國家的法規、制度和計劃，是否具有最好的經濟效益，有無鋪張、浪費、貪污、盜竊等損害公共財產的行為發生，有無違反財經紀律的現象；可以及時發現經濟管理中存在的問題，從而可

以防止違法亂紀、損害公共利益的行為發生，改善經營管理，提高經濟效益。

(三) 可以加強經濟管理中的責任制

會計憑證的填製需要有關經辦人員在憑證上簽字、蓋章，以明確業務責任。這樣，可以促使經辦人員明確自己的職責，增強責任感，嚴格按有關政策和制度處理交易或事項。一旦出現經濟糾紛等問題，也便於檢查和分清責任，從而加強經濟管理中的責任制。

三、會計憑證的種類

由於各個單位的經濟業務多種多樣，因而所使用的會計憑證種類繁多，其用途、性質、填製的程序乃至格式等都因經濟業務的需要不同而具有多樣性，按照不同的標誌可以對會計憑證進行不同的分類。按會計憑證填製的程序和用途不同，可以將其分為原始憑證和記帳憑證兩大類。

第二節　原始憑證

一、原始憑證的定義

原始憑證是指在經濟業務發生時填製或取得的，用以證明經濟業務的發生或完成情況，具有法律效力的書面證明。

原始憑證是進行會計核算的原始資料和重要依據，一切經濟業務的發生都應由經辦部門或經辦人員向會計部門提供能夠證明該項經濟業務已經發生或已經完成的書面單據，以明確經濟責任，並作為編製記帳憑證的原始依據。一般而言，在會計核算過程中，凡是能夠證明某項經濟業務已經發生或完成情況的書面單據就可以作為原始憑證，如有關的發票、收據、銀行結算憑證、收料單、發料單等；凡是不能證明該項經濟業務已經發生或完成情況的書面文件就不能作為原始憑證，如生產計劃、購銷合同、銀行對帳單等。

二、原始憑證的基本要素

在會計實務中，由於各種經濟業務的內容和經濟管理的要求不同，因而記錄經濟業務的各種原始憑證也不盡相同。但是無論哪一種原始憑證，都必須具備以下基本要素：

(一) 原始憑證的名稱

原始憑證的名稱表明原始憑證所記錄業務的內容，反應原始憑證的用途。如「發票」「入庫單」「現金支票」等。

(二) 原始憑證的日期

填製原始憑證的日期一般是業務發生或完成的日期。如果在業務發生或完成時，

因各種原因未能及時填製原始憑證的，應以實際填製日期為準。例如，銷售商品時未能及時開出發票的，補開發票的日期應為實際填製的日期。

(三) 填製憑證單位名稱或填製人姓名

(四) 接受憑證單位的名稱

將接受憑證單位與填製憑證單位或填製人員相聯繫，可以表明經濟業務的來龍去脈。

(五) 經濟業務的內容

經濟業務的內容主要是表明經濟業務的項目、名稱及有關的說明。

(六) 數量、單價和金額

經濟業務中的實物名稱、數量、單價和金額，這是經濟業務的核心。

(七) 經辦人員簽名或蓋章

經辦人員簽名或蓋章的主要目的是為了明確經濟責任。

對於國民經濟一定範圍內經常發生的同類經濟業務，應由主管部門制定統一的憑證格式。例如：由各專業銀行統一制定的各種結算憑證；由航空、鐵路、公路及航運等部門統一印製的發票等。

三、原始憑證的填製要求

由於原始憑證的具體內容、格式不同，產生的渠道也不同，因而其填製或取得的具體要求也有一定的區別，但從總體要求來看，按照《中華人民共和國會計法》和《會計基礎工作規範》的規定，原始憑證的填製或取得必須符合下述幾項基本要求：

(一) 內容要真實可靠

填寫原始憑證，必須符合真實性會計原則的要求，原始憑證上所記載的內容必須與實際發生的經濟業務內容相一致，實事求是、嚴肅認真地進行填寫，不得弄虛作假。

(二) 內容要填寫完整

在填寫原始憑證時，對於其基本內容和補充資料都要按照規定的格式、內容逐項填寫齊全，不得漏填或省略不填。

(三) 責任必須明確

經辦業務的單位和個人，一定要認真填寫、審查原始憑證，確認無誤后，要在原始憑證上的指定位置簽名或蓋章，以便明確責任。從外單位或個人取得的原始憑證，必須有填製單位公章或個人簽字、蓋章，對外開出的原始憑證必須加蓋本單位公章。

(四) 書寫格式要規範

原始憑證上的文字，要按規定要求書寫，字跡要工整、清晰，易於辨認，不得使用未經國務院頒布的簡化字。合計的小寫金額前要冠以人民幣符號「￥」（用外幣計

價、結算的憑證，金額前要加註外幣符號，如「HK＄」「US＄」等），幣值符號與阿拉伯數字之間不得留有空白；所有以元為單位的阿拉伯數字，除表示單價等情況外，一律填寫到角分，無角分的要以「0」補位。漢字大寫金額數字，一律用正楷字或行書字書寫，如壹、貳、叁、肆、伍、陸、柒、捌、玖、拾、佰、仟、萬、億、元（圓）、角、分、零、整（正）。大寫金額最后為「元」的應加寫「整」（或「正」）字斷尾。

阿拉伯金額數字中間有「0」時，漢字大寫金額要寫「零」字，如￥3,409.62，漢字大寫金額應寫成人民幣叁仟肆佰零玖元陸角貳分。阿拉伯金額數字中間連續有幾個「0」時，漢字大寫金額中可以只寫一個「零」字，如￥8,005.24，漢字大寫金額應寫成人民幣捌仟零伍元貳角肆分。阿拉伯金額數字萬位或元位是「0」，或者數字中間連續有幾個「0」，元位也是「0」，但仟位、角位不是「0」時，漢字大寫金額中可以只寫一個「零」字，也可以不寫「零」字，如￥2,680.46，應寫成人民幣貳仟陸佰捌拾元零肆角陸分，或者寫成人民幣貳仟陸佰捌拾元肆角陸分；阿拉伯金額數字角位是「0」，而分位不是「0」時，漢字大寫金額「元」后面應寫「零」字，如￥26,409.02，應寫成人民幣貳萬陸仟肆佰零玖元零貳分。

尾數為「0」時需加「整」字，如￥20,000.00，應寫成人民幣貳萬元整。

在填寫原始憑證的過程中，如果發生錯誤，應採用正確的方法予以更正，不得隨意塗改、刮擦憑證，如果原始憑證上的金額發生錯誤，則不得在原始憑證上更改，而應由出具單位重開。對於支票等重要的原始憑證如果填寫錯誤，一律不得在憑證上更正，應按規定的手續註銷留存，另行重新填寫。

5. 填製要及時

按照及時性會計原則的要求，企業經辦業務的部門或人員應根據經濟業務的發生或完成情況，在有關制度規定的範圍內，及時地填製或取得原始憑證。

四、幾種原始憑證的填製

（一）支票的填製

常見支票分為現金支票和轉帳支票。在支票正面上方有明確標註。現金支票只能用於支取現金；轉帳支票只能用於轉帳。

1. 出票日期（大寫）

數字必須大寫，大寫數字寫法如下：零、壹、貳、叁、肆、伍、陸、柒、捌、玖、拾。

（1）1月、2月、10月前的「零」字必寫，叁月至玖月前「零」字可寫可不寫。拾月至拾貳月必須寫成壹拾月、壹拾壹月、壹拾貳月（前面多寫了「零」字也認可，如零壹拾月）。

（2）1—10日、20日、30日前「零」字必寫，11—19日必須寫成壹拾壹日及壹拾×日（前面多寫了「零」字也認可，如零壹拾伍日）。

例如，2013年8月5日：貳零壹叁年捌月零伍日。2014年2月13日：貳零壹肆年零貳月零壹拾叁日。

2. 收款人

（1）現金支票收款人應寫為本單位名稱。

（2）轉帳支票收款人應填寫為對方單位名稱。

（3）轉帳支票收款人也可寫為收款人個人姓名。最新規定，個人存入的轉帳支票最高限額為 50 萬元以內。

3. 付款行名稱

付款行名稱即為本單位開戶銀行名稱。

4. 出票人帳號

出票人即支票的填製人，支票由付款人開出，因此出票人帳號即為本單位銀行帳號，銀行帳號必須小寫。

5. 人民幣（大寫）

數字大寫寫法：零、壹、貳、叁、肆、伍、陸、柒、捌、玖、億、萬、仟、佰、拾。注意：「萬」字不帶單人旁。具體大寫的寫法在原始憑證的填製要求裡面已經進行了詳細介紹，這裡只舉幾個例子。例如：￥289,546.52 應寫為人民幣貳拾捌萬玖仟伍佰肆拾陸元伍角貳分；￥7,560.31 應寫為人民幣柒仟伍佰陸拾元零叁角壹分，此時「陸拾元零叁角壹分」「零」字可寫可不寫；￥532.00 應寫為人民幣伍佰叁拾貳元整，「整」寫為「正」字也可以，但不能寫為「零角零分」。

6. 人民幣小寫

最高金額的前一位空白格用「￥」字頭占格，數字填寫要求完整清楚。

7. 用途

（1）現金支票有一定限制，一般填寫「備用金」「差旅費」「工資」「勞務費」等。

（2）轉帳支票沒有具體規定，可填寫如「貨款」「代理費」等。

8. 蓋章

在支票存根聯與正式聯的中間有一條線，在這裡用財務專用章蓋騎縫章。在支票中央靠下的位置蓋財務專用章和法人章，缺一不可，印泥為紅色，印章必須清晰，印章模糊只能將本張支票作廢，換一張重新填寫重新蓋章。

9. 常識

（1）支票正面不能有塗改痕跡，否則本支票作廢。

（2）受票人如果發現支票填寫不全，可以補記，但不能塗改。

（3）支票的有效期為 10 天，日期首尾算一天。節假日順延。

（4）支票見票即付，不記名。（丟了支票尤其是現金支票可能就是票面金額數目的錢丟了，銀行不承擔責任。現金支票一般要素填寫齊全，假如支票未被冒領，在開戶銀行掛失；轉帳支票假如支票要素填寫齊全，在開戶銀行掛失，假如要素填寫不齊，到票據交換中心掛失。）

（5）出票單位現金支票背面有印章蓋模糊了，此時支票作廢。

存根聯填寫的內容要與正式聯相一致，但要注意存根聯裡的日期用小寫，金額也要用小寫，如￥20,000.00。

(二) 轉帳進帳單的填製

付款人開出轉帳支票給收款人，收款人是如何將款項從付款人帳戶轉入自己帳戶的呢？這就涉及需使用銀行轉帳進帳單（見圖4-4-1）。

圖4-4-1

第一聯：銀行交持票人回單（收款人）。第二聯：收款人開戶銀行作貸方憑證。

收款方拿著轉帳支票正聯和轉帳進帳單去自己的開戶銀行，銀行將轉帳進帳單第一聯給收款人，第二聯由收款方銀行留存，轉帳支票正聯由收款方銀行轉給付款方銀行。

(三) 現金繳款單的填製

單位將收到的現金繳存銀行，需要填寫現金繳款單。下面簡單介紹一下現金繳款單的填製（見圖4-4-2）。

圖4-4-2

第一聯：銀行蓋章后退回單位（單位做帳用）。第二聯：收款單位開戶銀行作憑證（銀行做帳用）。

(四) 普通發票的填製

普通發票一般一式三聯，即存根聯、記帳聯和發票聯。在填寫時需注意：項目內容根據交易內容如實填寫，人民幣大小寫金額要一致，小寫最高金額的前一位空白格用「￥」字頭占格，三聯需一次填寫。

五、原始憑證的審核

原始憑證必須經過指定的會計人員審核無誤之后，才能作為記帳的依據。這是保證會計核算資料的真實、正確和合法，充分發揮會計監督作用的重要環節。原始憑證的審核主要有以下內容：

（一）合法性審核

審核原始憑證所記載的經濟業務是否合法、合理，是否符合國家的有關政策、法令和制度的有關規定，有無違法亂紀的行為。如果有違法亂紀的行為，可遵照一定的程序向上級領導機關反應有關情況，對於弄虛作假、營私舞弊、偽造塗改憑證等違法亂紀行為，必須及時揭露，拒絕受理，並向領導匯報，嚴肅處理。

（二）技術性審核

根據原始憑證的內容，逐項審核原始憑證的摘要是否填寫清楚；日期是否真實；實物數量、單價以及數量與單價的乘積是否正確；小計、合計以及數字大寫和小寫有無錯誤；審核憑證有無刮擦、挖補、塗改和偽造原始憑證等情況；審核原始憑證的手續是否完備，有關單位和經辦人的簽章是否齊全，是否經過主管人員審核批准等。

第三節　記帳憑證

一、記帳憑證的概念

通過對原始憑證內容的學習，我們已經知道，原始憑證來自各個不同方面、數量龐大、種類繁多、格式不一，其本身不能明確表明經濟業務應記入的帳戶名稱和方向，不經過必要的歸納和整理，難以達到記帳的要求，所以，會計人員必須根據審核無誤的原始憑證編製記帳憑證，將原始憑證中的零散內容轉換為帳簿所能接受的語言，以便據以直接登記有關的會計帳簿。

記帳憑證是指由會計人員根據審核無誤的原始憑證編製的，用來確定會計分錄並作為記帳依據的會計憑證。

原始憑證和記帳憑證之間存在著密切的聯繫，原始憑證是記帳憑證的基礎，記帳憑證是根據原始憑證編製的；原始憑證附在記帳憑證后面作為記帳憑證的附件，記帳憑證是對原始憑證內容的概括和說明；記帳憑證與原始憑證的本質區別就在於原始憑證是對經濟業務是否發生或完成起證明作用，而記帳憑證僅是為了履行記帳手續而編製的會計分錄憑證。

二、記帳憑證的基本要素

記帳憑證的一個重要作用就在於將審核無誤的原始憑證中所載有的原始數據通過運用帳戶和復式記帳系統編製會計分錄而轉換為會計帳簿所能接受的專有語言，從而

成為登記帳簿的直接依據,完成第一次會計確認。因此,作為登記帳簿直接依據的記帳憑證,雖然種類不同,格式各異,但一般要具備以下基本要素:

(1) 記帳憑證的名稱,如記帳憑證、收款憑證、付款憑證、轉帳憑證等。

(2) 記帳憑證的填製日期,一般用年、月、日表示,要注意的是記帳憑證的填製日期不一定就是經濟業務發生的日期。

(3) 記帳憑證的編號。通用記帳憑證需統一編號,專用記帳憑證需分收款憑證、付款憑證和轉帳憑證分別編號。

(4) 經濟業務的內容摘要。由於記帳憑證是對原始憑證直接處理的結果,所以,只需將原始憑證上的內容簡明扼要地在記帳憑證中予以說明即可。

(5) 經濟業務所涉及的會計科目、記帳方向及金額。經濟業務所涉及的會計科目、記帳方向及金額,這是記帳憑證中所要反應的主要內容,也就是會計分錄的內容。

(6) 所附原始憑證的張數。

(7) 有關人員的簽字、蓋章。這樣做,一方面能夠明確各自的責任,另一方面又有利於防止在記帳過程中出現的某些差錯,從而在一定程度上保證了會計信息系統最終所輸出會計信息的真實、可靠。

三、記帳憑證的填製要求

記帳憑證是由會計人員根據審核無誤的原始憑證填製的,因此,各種記帳憑證的填製,除了必須嚴格做到上述填製原始憑證的要求外,還必須注意以下幾點:

(一) 憑證摘要簡明

記帳憑證的摘要欄既是對經濟業務的簡要說明又是登記帳簿的主要依據,必須針對不同性質的經濟業務的特點,正確地填寫,既要反應經濟業務的實際內容又要簡明扼要。

(二) 業務記錄明確

在一張記帳憑證上,不能把不同類型的經濟業務合併填製,一張記帳憑證只能反應某一項或若干同類的經濟業務。這樣做的目的,主要是為了明確經濟業務的來龍去脈和帳戶的對應關係。所以,記帳憑證可以根據每一張原始憑證單獨填製,也可以根據同類經濟業務的許多份原始憑證填製,還可以根據匯總的原始憑證來填製。為了簡化記帳憑證的填製手續,對於轉帳業務,可以用自製的原始憑證或匯總原始憑證來代替記帳憑證,但是,必須具備記帳憑證應有的項目。

(三) 科目運用準確

必須按照設定的會計科目,根據經濟業務的性質編製會計分錄,以保證核算口徑的一致,便於綜合匯總。使用借貸記帳法編製分錄時,只能編製簡單分錄或複合分錄,一般不能編製多借多貸的會計分錄,以便從帳戶對應關係中反應經濟業務的情況。

(四) 編號順序科學

記帳憑證應當連續編號,以便核查。在使用通用憑證時,可按經濟業務發生順序

編號。一筆經濟業務，需要編製多張記帳憑證時，可採用「分數編號法」。例如，一筆經濟業務需要編製兩張記帳憑證，憑證的順序號為 6 號時，可編製記字第 $\frac{1}{2}$ 號、記字第 $\frac{2}{2}$ 號。前面的整數表示業務順序，分子表示 2 張中的第 1 張和第 2 張，分母表示本號有 2 張。

(五) 填寫日期規範

記帳憑證原則上應按收到原始憑證的日期填寫，如果一份記帳憑證要依據不同日期的某類原始憑證填製時，可按填製憑證日期填寫。

(六) 憑證附件完整

記帳憑證所附的原始憑證張數必須註明，以便查核。如果根據同一原始憑證填製數張記帳憑證時，則應在未附原始憑證的記帳憑證上註明「附件××張，見第××號記帳憑證」。如果原始憑證需要另行保管時，則應在附件欄目內加以註明。

(七) 填寫內容齊全

記帳憑證填寫完畢，應進行復核與檢查，並按所使用的記帳方法進行試算平衡。有關人員均要簽名、蓋章。

(八) 有空行需註銷

記帳憑證填製完經濟業務事項后，如有空行，應當在金額欄自最后一筆金額數字下方的空行處至合計數上方的空行處劃斜線註銷。

四、通用記帳憑證的格式及填製方法

通用記帳憑證是指適用於所有類別的經濟業務事項的記帳憑證。其具體格式見表4-4-1。

表 4-4-1　　　　　　　　　　　　記帳憑證
　　　　　　　　　　　　　年　月　日　　　　　　　　　　　　　　第　號

摘要	科目		借方金額									貸方金額									記帳
	總帳科目	明細科目	千	百	十	萬	千	百	十	元	角	分	千	百	十	萬	千	百	十	元	角	分	
合計																							

會計主管：　　　　記帳：　　　　出納：　　　　復核：　　　　製單：

下面舉例說明記帳憑證的填製。例如，某企業 20×3 年 12 月 1 日用銀行存款購買甲材料一批，價值 10,000 元，材料已驗收入庫（不考慮相關稅費）。則記帳憑證的填

製如表 4-4-2 所示。

表 4-4-2　　　　　　　　　　　　記帳憑證
20×3 年 12 月 1 日　　　　　　　　　　　　第 1 號

摘要	科目		借方金額	貸方金額	記帳
	總帳科目	明細科目	千 百 十 萬 千 百 十 元 角 分	千 百 十 萬 千 百 十 元 角 分	
購買原材料	原材料	甲材料	1 0 0 0 0 0 0		
	銀行存款			1 0 0 0 0 0 0	
	合計		¥ 1 0 0 0 0 0 0	¥ 1 0 0 0 0 0 0	

附單據　張

會計主管：　　　記帳：　　　出納：　　　復核：　　　製單：李某

五、記帳憑證的審核

記帳憑證是登記帳簿的直接依據，為了保證帳簿記錄的正確性，除了編製記帳憑證的人員應當認真負責、正確填製、加強自審以外，同時還應建立專人審核制度。記帳憑證的審核主要包含以下兩點：

（一）合法性審核

審核記帳憑證確定的會計分錄是否符合國家的有關政策、法令和制度的有關規定，這就要求審核人員必須根據記帳憑證所附原始憑證的經濟內容，按照會計核算方法的要求，審核會計分錄的編製是否準確無誤，同時審核記帳憑證是否附有審核無誤的原始憑證，所附原始憑證的張數及其內容是否與記帳憑證一致。

（二）技術性審核

根據記帳憑證的要素，逐項審核記帳憑證的內容是否按規定要求填製，各項目是否按照規定填寫齊全並按規定手續辦理；根據記帳憑證的填製要求，審核記帳憑證的摘要，應借、應貸會計科目及金額以及帳戶對應關係是否清晰、完整，核算內容是否符合會計制度和會計政策的要求。

在審核過程中，如果發現差錯，應查明原因，按規定辦法及時處理和更正。只有經過審核無誤的記帳憑證，才能據以登記帳簿。

練習題一

（一）目的：練習支票、轉帳進帳單及現金繳款單的填寫。

（二）資料：

1. 2014 年 4 月 8 日萬華科技公司開出一張現金支票，去銀行提取現金 20,000 元。

2. 2014 年 4 月 21 日萬華科技公司開出一張轉帳支票支付前欠中新公司的貨款 250,000元。

3. 2014 年 5 月 17 日萬華科技公司將現金 2,045 元存入銀行。
萬華科技開戶行：工商銀行樂山嘉州支行
帳號：6222211113333000000
中新公司開戶行：建設銀行嘉州支行
帳號：6227003662222001111
（三）要求：根據以上資料填製支票、轉帳進帳單及現金繳款單。

練習題二

（一）目的：練習記帳憑證的填製。
（二）資料：某企業 2×12 年 9 月份發生下列經濟業務（不考慮增值稅）：
1 日，從華順公司購入 A 材料一批，價款 30,000 元，材料已驗收入庫，貨款尚未支付。
2 日，以銀行存款支付管理部門電費 2,000 元。
3 日，職工李華因公出差暫借差旅費 1,000 元，以現金支付。
6 日，職工李華出差回來報銷差旅費 1,000 元。
7 日，收到萬華公司歸還的前欠貨款 15,000 元，存入銀行存款戶。
10 日，向銀行借短期借款 10,000 元，存入銀行存款戶。
12 日，企業管理部門購買辦公用品 500 元，以現金支付。
14 日，售給天宇公司 A 產品 500 件，全部款項 50,000 元已存入銀行。
16 日，向銀行提取現金 9,000 元，準備發放工資。
18 日，以現金支付本月職工工資 9,000 元。
20 日，從銀行提現金 1,000 元備用。
21 日，以銀行存款支付廣告費 2,000 元。
25 日，以銀行存款 30,000 元歸還銀行長期借款。
（三）要求：根據以上資料編製通用記帳憑證。

國家圖書館出版品預行編目(CIP)資料

大學生經濟與管理素質教育理論與實務 /
惠宏偉、張艷、杜玉英、張穎 主編. -- 第一版.
-- 臺北市：崧燁文化, 2018.09
　面 ;　公分
ISBN 978-957-681-608-6(平裝)

1.創業 2.企業管理

494.1　　　　107014631

書　　名：大學生經濟與管理素質教育理論與實務
作　　者：惠宏偉、張艷、杜玉英、張穎 主編
發行人：黃振庭
出版者：崧博出版事業有限公司
發行者：崧燁文化事業有限公司
E-mail：sonbookservice@gmail.com
粉絲頁　　　　　網　址：
地　　址：台北市中正區重慶南路一段六十一號八樓 815 室
8F.-815, No.61, Sec. 1, Chongqing S. Rd., Zhongzheng
Dist., Taipei City 100, Taiwan (R.O.C.)
電　話：(02)2370-3310　傳　真：(02) 2370-3210
總經銷：紅螞蟻圖書有限公司
地　　址：台北市內湖區舊宗路二段 121 巷 19 號
電　話：02-2795-3656　傳真：02-2795-4100　網址：
印　　刷：京峯彩色印刷有限公司（京峰數位）
　　本書版權為西南財經大學出版社所有授權崧博出版事業有限公司獨家發行
　　電子書繁體字版。若有其他相關權利及授權需求請與本公司聯繫。

定價：350 元
發行日期：2018 年 9 月第一版
◎ 本書以POD印製發行